HISTOIRE DES PLANTES

MONOGRAPHIE

DES

MALVACÉES

PARIS. — IMPRIMERIE DE B. MARTINET, RUE MIGNON, 2.

HISTOIRE DES PLANTES

MONOGRAPHIE

DES

MALVACÉES

PAR

H. BAILLON

PROFESSEUR D'HISTOIRE NATURELLE MÉDICALE A LA FACULTÉ DE MÉDECINE DE PARIS

DIRECTEUR DU JARDIN BOTANIQUE DE LA FACULTÉ, PRÉSIDENT DE LA SOCIÉTÉ LINNÉENNE DE PARIS

ILLUSTRÉE DE 115 FIGURES DANS LES TEXTES

DESSINS DE FAGUET

PARIS

LIBRAIRIE HACHETTE & CIE

BOULEVARD SAINT-GERMAIN, 79

LONDRES, 18, KING WILLIAM STREET, STRAND

1872

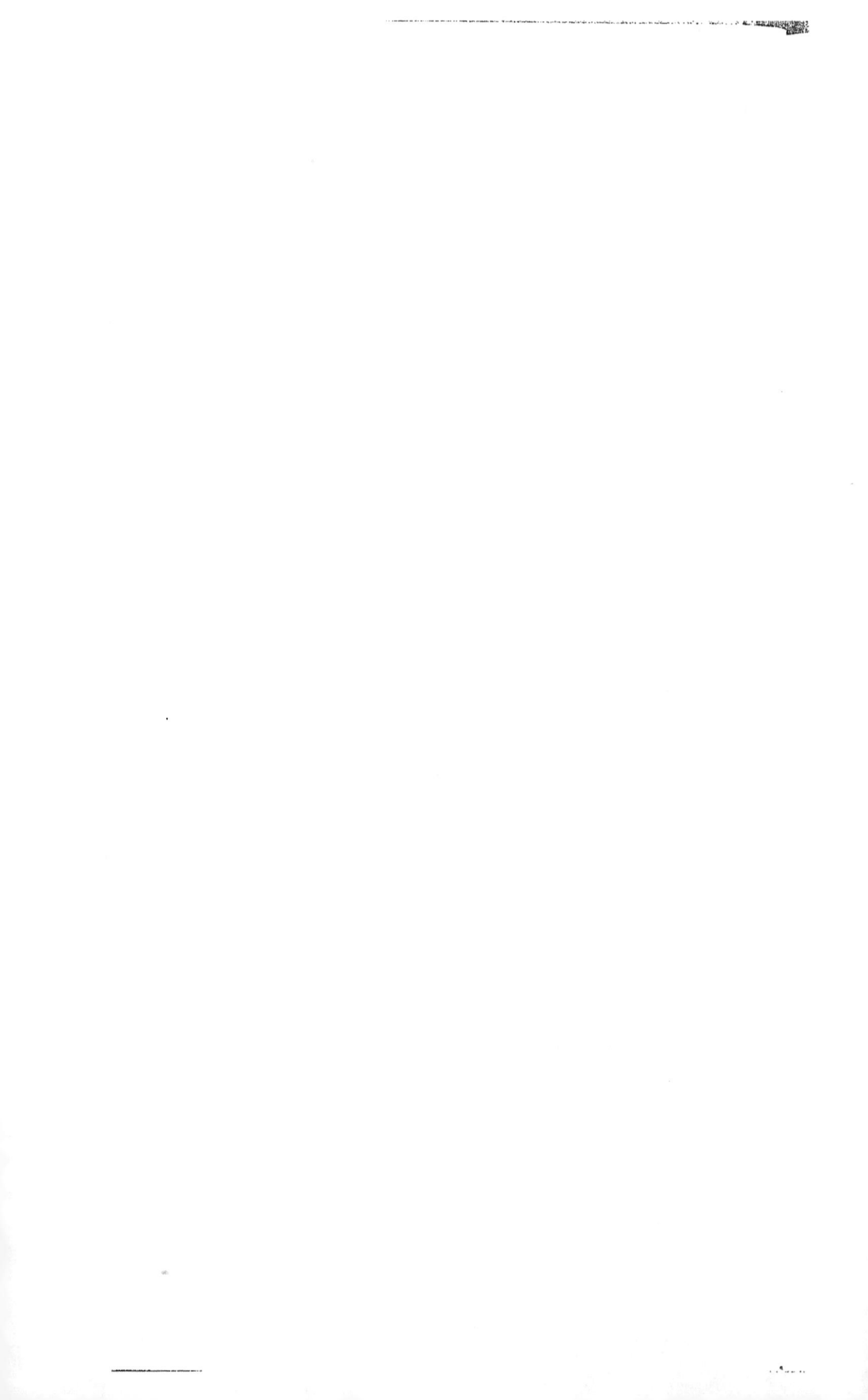

XXVI
MALVACÉES

I. SÉRIE DES STERCULIA.

Les *Sterculia*[1] (fig. 78-87) se distinguent immédiatement dans ce groupe par leurs carpelles indépendants ; caractère qui n'a pas ici toute

Sterculia carthagenensis.

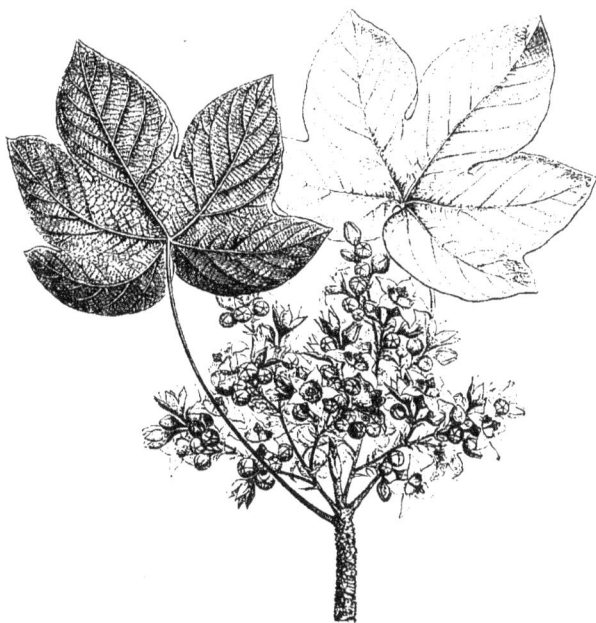

Fig. 78. Rameau florifère ($\frac{1}{4}$).

l'importance qu'il semble présenter au premier abord, et qui a cependant engagé la plupart des botanistes à en faire le type d'une famille particulière. Ils ont des fleurs régulières, apétales et polygames. Dans

---

1. L., *Gen.*, n. 1086. — Adans., *Fam. des pl.*, II, 357. — J., *Gen.*, 278. — Lamk, *Dict.*, VII, 428 ; Suppl., V, 246 ; *Ill.*, t. 736.—Turp., in *Dict. sc. nat.*, Atl., t. 142, 143. — Cav.,

celles qui sont hermaphrodites, on observe un calice gamosépale, souvent coloré, de forme variable [1], plus ou moins profondément partagé en cinq [2] divisions valvaires et de formes également très-diverses [3]. Du

Sterculia Balanghas.

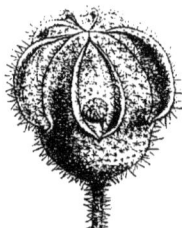

Fig. 79. Fleur mâle (⁴⁄₇).

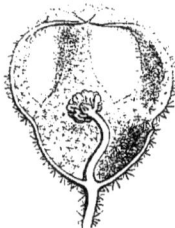

Fig. 80. Fleur mâle, coupe longitudinale.

Fig. 81. Fleur mâle, organes sexuels (⁴⁄₇).

Fig. 84. Fleur femelle, organes sexuels, coupe longitudinale.

Fig. 83. Fleur femelle, organes sexuels (⁴⁄₇).

Fig. 82. Fleur mâle, organes sexuels, coupe longitudinale.

fond, lisse ou épaissi en disque glanduleux, de ce périanthe, s'élève une colonne dont l'épaisseur et la longueur [4] varient beaucoup d'une espèce à l'autre, ou dans une même espèce, suivant les sexes, et

Diss., V, 284. — DC., *Prodr.*, I, 481. — ENDL. et SCHOTT, *Meletem.* (1832), 32-34. — B. BR., in *Benn. Pl. jav. rar.*, 226. — ENDL., *Gen.*, n. 5320 (part.). — B. H., *Gen.*, 217, n. 1. — SCHNIZL., *Iconogr.*, t. 210. — LEM. et DCNE, *Tr. gén.*, 344. — H. BN, in *Adansonia*, X, 161. (incl. : *Astrodendron* DENNST, *Balanghas* BURM., *Brachychiton* SCHOTT, *Carpophyllum* MIQ., *Cavalam* RUMPH., *Corallium* SCHOTT, *Chichœa* PRESL, *Clompanus* RUMPH., *Delabechea* LINDL., *Erythropsis* LINDL., *Firmiana* MARSIGL., *Hildegardia* SCHOTT, *Ivira* AUBL., *Mateutia* VELLOZ., *Pœcilodermis* SCHOTT, *Pterocymbium* R. BR., *Pterygota* SCHOTT, *Scaphium* SCHOTT, *Southwellia* SALISB., *Theodoria* NECK., *Trichosiphon* SCHOTT, *Triphaca* LOUR.).

1. Obovoïde, campanulé, obconique ou presque infundibuliforme, parfois hémisphérique à la base, avec cinq divisions formant supérieurement comme un couvercle hémisphérique, conique ou pyramidal.

2. Rarement quatre ou six.

3. Quand elles sont étroites, aiguës, un peu rédupliquées, il arrive assez souvent qu'elles s'écartent les unes des autres inférieurement, en même temps que leurs bords se réfléchissent, sans se quitter par leurs sommets très-atténués ; elles forment ainsi une sorte de cage conique au travers de laquelle on voit l'intérieur de la fleur.

4. Quand cette colonne est grêle et très-longue, elle se recourbe souvent dans le bouton (fig. 80-82).

qui, dans sa partie supérieure, porte dix anthères ou plus, extrorses,
biloculaires, déhiscentes par deux fentes longitudinales et disposées
sans ordre apparent à l'âge adulte [1]. Au-dessus de ces anthères se trouve
le gynécée, formé de cinq carpelles superposés aux divisions du périanthe. Leurs ovaires sont indépendants les uns des autres, uniloculaires, avec un placenta pariétal situé dans l'angle interne. Mais les styles
et leur extrémité stigmatifère, de forme variable, se collent entre eux
dans une certaine étendue, à partir d'un certain âge [2]. Chaque placenta
porte, soit deux ovules ascendants, anatropes, à micropyle extérieur et
inférieur, soit, plus ordinairement, deux rangées d'ovules plus ou moins
ascendants [3], ou presque horizontaux. Certaines fleurs sont mâles
(fig. 79-83) ou femelles (fig. 84, 85), suivant que les carpelles ou les
étamines s'arrêtent plus ou moins tôt dans leur évolution. Le fruit (fig. 85)
est formé de cinq follicules étalés, rayonnant en verticille, de consistance
variable, s'ouvrant à une époque plus ou moins avancée, mono- ou polyspermes; et l'organisation des graines qu'ils renferment présente de
très-grandes différences suivant les espèces. C'est à l'aide de ces caractères qu'on a groupé en sections ou sous-genres [4] une cinquantaine d'espèces de *Sterculia* qui habitent toutes les régions chaudes du globe.

Le plus souvent la graine est à peu près orthotrope, ou du moins
fort incomplétement anatrope; de façon que l'embryon a le sommet des
cotylédons tourné vers le hile, ou bien qu'il est oblique ou transversal
par rapport au plan de l'ombilic. Il est d'ailleurs entouré d'un albumen
charnu qui adhère plus ou moins à la face dorsale de ses cotylédons [5],
puis des téguments séminaux [6]. C'est là ce qui arrive dans les *Eusterculia* [7], espèces des régions tropicales de l'Asie, de l'Afrique et de

1. On a accordé à ce défaut de régularité dans
l'arrangement de l'androcée, à l'âge adulte, une
valeur générique. Mais, plus jeunes, les étamines
affectent un ordre particulier que nous avons
décrit (in *Adansonia*, X, 162). Le pollen, ovoïde,
avec trois plis, devient, dans l'eau, sphérique,
avec trois bandes papilleuses (H. MOHL, in *Ann.
sc. nat.*, sér. 2, III, 334).

2. On pourrait croire alors qu'il n'y a qu'un
style capité, les ovaires demeurant libres.

3. Dans ce cas, ils ont le micropyle dirigé en
bas et en dehors. Leur tégument est double.

4. Voy. SCHOTT, *Meletem.*, *loc. cit.* La plupart de nos sections ont été, dans ce travail, considérées comme des genres distincts.

5. L'embryon occupant par ses cotylédons
toute la largeur de la cavité séminale (ou souvent même davantage; ce qui l'oblige à se

courber), sur une coupe transversale, l'albumen
paraît séparé en deux moitiés qui simulent d'épais
cotylédons.

6. On y distingue souvent jusqu'à quatre couches: un épiderme charnu, mucilagineux, une
membrane mince qui entoure l'albumen, et,
entre eux, une lame souvent double, épaisse,
colorée, ordinairement testacée en dedans.

7. SCHOTT et ENDL., *Meletem.*, 32. — *Clom-
panus* RUMPH., *Herb. amboin.*, III, t. 107. —
Cavalam RUMPH., *op. cit.*, I, t. 49. — *Balanghas*
BURM., *Fl. zeyl.*, 84. — *Astrodendron* DENNST,
Hort. malab., IV, 62. — *Theodoria* NECK.,
Elem., n. 1048. — *Triphaca* LOUR., *Fl. co-
chinch.*, 708. — *Ivira* AUBL., *Guian.*, II, 694,
t. 279. — *Southwellia* SALISB., *Par. lond.*,
t. 69. — *Chichœa* PRESL, *Rel. Hœnk.*, II, 140.
— *Mateatia* VELLOZ., *Fl. flum.*, IX, t. 95.

l'Amérique. Dans les *Firmiana* [1], qui, au nombre de trois ou quatre espèces, appartiennent à l'ancien continent, la graine est de même avec un embryon plus ou moins oblique (fig. 86, 87); mais les carpelles sont ouverts et étalés bien avant leur maturité, de façon qu'ils représentent comme des feuilles sur les bords desquelles les graines s'insèrent en petit nombre (fig. 85). Le même phénomène se produit dans les *Scaphium* [2],

Sterculia (Firmiana) platanifolia.

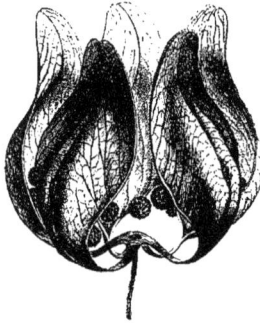

Fig. 85. Fruit (⅓).

Fig. 86. Graine (¼).

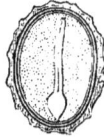

Fig. 87. Graine, coupe longitudinale.

espèces indiennes et java- naises, dont les semences, souvent solitaires pour chaque carpelle étalé, en occupent la portion infé- rieure, plus ou moins con- cave. Mais l'anatropie de leur graine est complète ; de façon que l'embryon tourne sa radicule du côté du hile. Il a la même di- rection dans les *Brachy- chiton* [3], espèces austra- liennes dont l'organisation est semblable à celle des *Eusterculia*, mais dans lesquelles les graines sont adhérentes au fond de l'endocarpe. Enfin, dans le *S. alata* [4], espèce indienne, dont on a fait le genre *Pterygota* [5], les fleurs et les fruits sont ceux des *Eusterculia;* mais les graines anatropes sont surmontées d'une aile étroite qui leur donne l'apparence d'une samare. Ainsi conçu [6], le genre *Sterculia* est formé [7] d'arbres, souvent élevés, à feuilles alternes, pétiolées, accom- pagnées de stipules latérales, simples, lobées ou digitées. Leurs fleurs

1. MARSIGL., ex SCHOTT, *Melet.*, 33.—R. BR., in *Benn. Pl. jav. rar.*, 235. — *Erythropsis* LINDL., in *Bot. Reg.*, sub n. 1236. — ? *Carpo- phyllum* MIQ., *Fl. ind.-bat.*, Suppl., I, 401.

2. SCHOTT, *loc. cit.*, 33. — *Pterocymbium* R. BR., *loc. cit.*, 219, t. 45. Le nombre des éta- mines peut y descendre jusqu'à huit ou dix.

3. SCHOTT, *loc. cit.*, 34. — R. BR., *loc. cit.*, 234. — *Pœcilodermis* SCHOTT, *loc. cit.*, 33. — *Trichosiphon* SCHOTT, *loc. cit.*, 34. — *Dela- bechea* LINDL., in *Mitch. trop. Austral.*, 155. Les *Hildegardia* (SCHOTT, *Melet.*, 33), genre proposé pour le *S. populifolia* WALL. (*Pl. as. rar.*, I, t. 3), parce que, dit-on, les carpelles y sont ailés (tandis qu'ils sont seulement plus ou moins amincis en haut vers les bords), peuvent être rapportés à cette section, si, comme on

l'assure, leurs graines sont anatropes ; sinon, on pourrait les joindre aux *Eusterculia*.

4. ROXB., *Pl. coromand.*, III, 84, t. 287.

5. SCHOTT et ENDL., *Melet.*, 32. — ENDL., *Gen.*, n. 5321.

6.

	1. *Eusterculia*.	
STERCULIA	2. *Firmiana*.	
sect. 5.	3. *Scaphium*.	
	4. *Brachychiton*.	
	5. *Pterygota*.	

7. CAV., *Diss.*, t. 141-145.—H. B. K., *Nov. gen. et spec.*, V, 299. — A. S. H., *Pl. us. Bras.*, t. 46. — ROXB., *Pl. corom.*, t. 24, 25. — WALL., *Pl. as. rar.*, I, t. 3, 59 ; II, t. 127; III, t. 262. — WIGHT, *Ill.*, t. 30 ; *Icon.*, t. 181, 364, 487. — GUILL. et PERR., *Fl. Sen. Tent.*,

sont disposées en grappes, souvent axillaires, dont l'axe est simple, ou plus souvent ramifié, et chargé de petites cymes dont les fleurs terminales sont fréquemment femelles, les autres étant mâles, et toutes ayant ordinairement un pédicelle articulé.

Les *Turrietia* [1] ont des fleurs à peu près semblables à celles des *Sterculia*. Leurs anthères, portées sur un pied court, sont semblablement disposées. Mais chacun de leurs trois ou cinq carpelles ne renferme dans son ovaire qu'un seul ovule, ascendant, anatrope, à micropyle inférieur et extérieur; et les fruits sont secs, indéhiscents, surmontés d'une aile allongée. On connaît deux ou trois espèces de ce genre. L'une est un arbre australien [2], à feuilles digitées-trifoliolées, tout chargé de poils écailleux. Les autres sont javanaises [3], glabres, à feuilles 3-5-foliolées. Toutes ont des fleurs nombreuses, petites, polygames, disposées en grappes très-ramifiées de cymes, axillaires ou latérales.

Les deux genres *Cola* et *Heritiera* sont aussi extrêmement voisins des *Sterculia* et pourraient peut-être ne pas en être séparés génériquement. Ils ont l'un et l'autre des graines dépourvues d'albumen. Dans les *Cola* [4], les anthères [5] demeurent, en outre, régulièrement disposées en cercle vers le sommet de la colonne commune, au lieu de se déplacer à différentes hauteurs, comme dans les *Sterculia*. On connaît une demi-douzaine d'espèces [6] de *Cola*, toutes originaires de l'Afrique tropicale; leurs organes de végétation sont ceux des *Sterculia*. Il en est de même des *Heritiera* [7] (fig. 88-94), dont les feuilles sont indivises. Leurs anthères, en petit nombre [8], forment aussi un anneau sur le support commun.

1, 79, t. 16. — A. Gray, in *Amer. expl. Exped.*, I, 185, t. 13 (*Firmiana*). — Miq., *Fl. ind.-bat.*, I, p. II, 177; Suppl., I, 399. — Harv., *Thes. cap.*, t. 3. — Anders., in *Journ. Linn. Soc.*, V, Suppl., t. 2. — F. Muell., *Pl. Vict.*, t. suppl. 5. — Miq., *Fl. ind.-bat.*, I, 172. — Benth., *Fl. austral.*, I, 225. — Mast., in *Oliv. Fl. trop. Afr.*, I, 215. — H. Bn, in *Adansonia*, X, 179. — *Bot. Reg.*, t. 1256, 1353. — Walp., *Rep.*, V, 97, 103; *Ann.*, II, 459, 160; VII, 419.

1. Bl., *Bijdr.*, 227; in *Rumphia*, III, t. 172, fig. 1. — Endl., *Gen.*, n. 5638. — B. H., *Gen.*, 218, n. 2. — *Argyrodendron* F. Muell., *Fragm.*, I, 2; II, 177.

2. *T. Argyrodendron* Benth., *Fl. austral.*, I, 230. — Walp., *Ann.*, VII, 421. — *Argyrodendron trifoliolatum* F. Muell., *loc. cit.*

3. Miq., *Fl. ind.-bat.*, I, p. II, 179; Suppl., I, 401.

4. Bauh., *Pin.*, 507. — Schott et Endl., *Melet.*, 33. — R. Br., in *Benn. Pl. jav. rar.*, 236. — B. H., *Gen.*, 218, n. 3. — *Courtenia* R. Br., *loc. cit.* — *Bichy* Lunan, *Jam.*, I, 86.

— ? *Culhamia* Forsk., *Fl. æg.-arab.*, 96 (ex Endl., *Gen.*, 994, f.). — *Lunanea* DC., *Prodr.*, II, 92. — *Edwardia* Rafin., *Spect.*, I, 158. — *Siphoniopsis* Karst., *Pl. columb.*, 139, t. 69.

5. A loges parallèles ou superposées.

6. Guillem. et Perr., *Fl. Sen. Tent.*, I, 81, t. 15 (*Sterculia*). — Mast., in *Oliv. Fl. trop. Afr.*, I, 220. — H. Bn, in *Adansonia*, X, 165. — Walp., *Rep.*, V, 106; *Ann.*, VII, 421.

7. Ait., *Hort. kew.*, ed. 1, III, 546. — DC., *Prodr.*, I, 484. — Schott et Endl., *Melet.*, 32. — Endl., *Gen.*, n. 5119. — B. H., *Gen.*, 219, n. 4. — H. Bn, in *Adansonia*, X, 164. — *Balanopteris* Gærtn., *Fruct.*, II, 94, t. 98, 99. — *Sutherlandia* Gmel., *Syst.*, 1027 (nec R. Br.). — *Samandura* L., *Fl. zeyl.*, 433. — *Hunus* Rumph., *Herb. amboin.*, III, t. 63 (ex Endl., *loc. cit.*).

8. Il n'y en a souvent que cinq ou six, mais quelquefois aussi un plus grand nombre; quel que soit ce nombre, leurs loges sont parallèles, comme dans les anthères des *Cola*, et les lignes de déhiscence sont verticales,

De plus, leurs carpelles sont uni- ou rarement biovulés[1], et leur fruit indéhiscent est un achaine ligneux et subéreux. caréné s ur le dos suivant sa

Heritiera littoralis.

Fig. 89. Fleur
mâle ($\frac{4}{1}$).

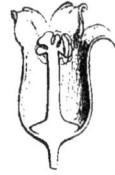

Fig. 90. Fleur mâle,
coupe longitudinale.

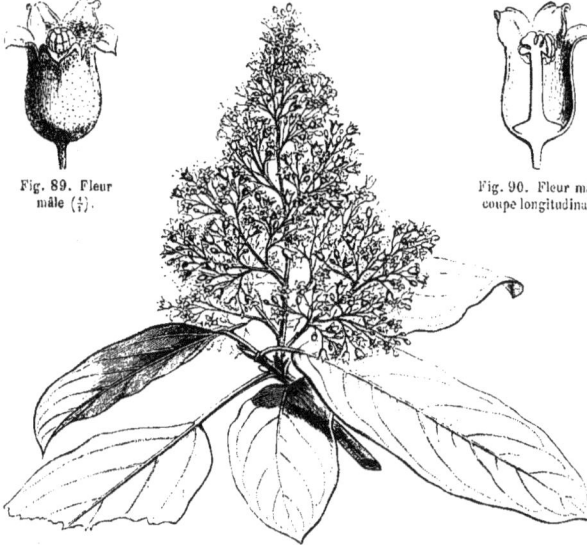

Fig. 88. Rameau florifère ($\frac{1}{2}$).

Fig. 91. Fleur mâle,
sans le périanthe ($\frac{4}{1}$).

Fig. 92. Fleur femelle ($\frac{2}{1}$).

Fig. 93. Fleur femelle,
coupe longitudinale.

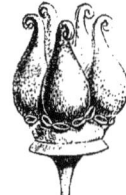

Fig. 94. Fleur femelle,
sans le périanthe ($\frac{4}{1}$).

longueur. On admet deux espèces d'*Heritiera*[2], qui habitent les régions chaudes de l'Asie et de l'Australie, et la plupart des îles orientales de la côte de l'Afrique tropicale[3].

1. Les ovules sont ascendants, avec le micropyle tourné en bas et en dehors.

2. Ham., in *Sym. Emb. Ava*, t. 28. — Wight et Arn., *Prodr.*, I, 63. — Walp., *Rep.*, V, 106 ; *Ann.*, IV, 324 ; VII, 421.

3. Nous ne pouvons placer ici qu'avec quelque hésitation une plante d'Angola, qui nous est tout à fait inconnue et que n'ont pu voir les auteurs du *Flora of trop. Africa* (1, 219) : l'*Octolobus spectabilis* (Welw., *Sert. angol.*, 17, t. 6 (ex *Trans. Linn. Soc.*, XXVII), qui paraît allié à la fois aux Sterculiées et aux Anonacées, dont il

Le *Tetradia Horsfieldii* [1], arbre javanais peu connu, à feuilles simples, a des fleurs polygames très-analogues à celles des *Heritiera*. Leur androcée est formé d'un nombre variable [2] d'étamines, réunies circulairement en haut d'une colonne centrale, et leur gynécée est, dit-on, formé de quatre carpelles multiovulés. Mais leur périanthe consiste en trois ou quatre folioles. libres ou à peu près, et valvaires. Les fleurs sont axillaires. presque sessiles ou réunies en grappes courtes [3].

II. SÉRIE DES HELICTÈRES.

Les *Helicteres* [4] (fig. 95, 96) ont les fleurs hermaphrodites. Sur leur réceptacle convexe se voit d'abord un calice gamosépale, à cinq divisions plus ou moins profondes, valvaires, parfois inégales. Plus haut s'insèrent cinq pétales, libres, tordus, à onglets allongés, nus ou pourvus de chaque côté d'une sorte d'appendice auriculé et formant une corolle analogue à celle des Mauves (ou malvacée). Au-dessus, le réceptacle se prolonge, comme dans les *Sterculia*, en une longue colonne au sommet de laquelle se trouve le gynécée, et immédiatement au-dessous de lui, l'androcée, dont la composition est variable. Il comprend, ou dix étamines superposées, cinq aux divisions du calice, et cinq aux pétales, pourvues chacune d'une anthère biloculaire, extrorse et à déhiscence longitudinale, ou cinq languettes stériles (staminodes?) et cinq étamines fertiles,

n'a cependant pas la graine. Ses caractères sont, d'après MM. BENTHAM et J. HOOKER, qui (*Gen.*, 982, n. 2 *a*) le placent près des *Tarrietia* : « Flores 1-sexuales. Calycis campanulati tubus subcylindraceus ; lobi 8, coriacei, marginibus late membranaceis induplicatis corrugatis. Petala 0. Staminum columna brevis cylindrica, stipiti elongato conico tomentoso imposita ; antheræ perplurimæ, in discum orbicularem vertice depressum connatæ. Ovarii carpella perplurima, ∞-seriata, in capitulum globosum gynophoro brevi impositum conferta, verticillo staminodiorum cincta, libera ; anguste ovoidea, dense tomentosa, 1-locularia ; stylus 0, stigmate sessili 2-lobo ; ovula ∞, 2-seriata. Carpella matura 8-12, disticta, stipitata, turgide obovoidea gibba, rostro recurvo terminata, sub-2-sperma. Semina subglobosa , sessilia; hilo orbiculato ; testa membranacea; albumine 0. Embryo subglobosus, cotyledonibus crassissimis , radicula brevissima, plumula pilosa. — Arbor patentim comosa, ramulis robustis. Folia alterna, longe petiolata; petiolo apice incrassato; obovato-lan-

ceolata, obtuse acuminata, coriacea, glaberrima. Stipulæ geminæ laterales erectæ acutissimæ. Flores magni , in ramulis sessiles , solitarii fulvo-villosi. »

1. R. BR., in *Benn. Pl. jav. rar.*, 233. — B. H., *Gen.*, 219, n. 5. — WALP., *Rep.*, V, 103.

2. On a décrit l'androcée, depuis R. BROWN, comme formé de quatre étamines. Sur deux fleurs que nous avons examinées, nous avons certainement vu quatorze ou seize loges d'anthères, linéaires et verticales.

3. « Gen. *Sterculiæ* et *Colæ* affin., fruct, adhuc ignot. incert. » (B. H., *loc. cit.*)

4. L., *Gen.*, n. 1025. — J., *Gen.*, 278. — GÆRTN., *Fruct.*, I, 308, t. 64. — LAMK, *Dict.*, III, 86; Suppl., III, 19 ; *Ill.*, t. 735. — DC., *Prodr.*, I, 475. — SCHOTT et ENDL., *Melet.*, 31. — ENDL., *Gen.*, n. 5316. — B. H., *Gen.*, 220, n. 10. — H. BN, in *Payer Fam. nat.*, 284 (incl. : *Alicteres* NECK., *Isora* SCHOTT, *Methorium* SCHOTT, *Orthothecium* SCHOTT, *Oudemansia* MIQ.).

ou cinq groupes de deux ou trois étamines fertiles, alternes chacun avec ces languettes. Le gynécée est composé de cinq carpelles alternipétales dont l'ovaire uniloculaire est atténué en un style à extrémité plus ou moins renflée et stigmatifère. Dans la fleur adulte, il arrive fréquemment que les styles, dans une étendue variable, et les ovaires, dans la portion supérieure de leur angle interne, se collent plus ou moins intimement les uns aux autres; mais les carpelles se séparent de nouveau les uns des autres à la maturité. Ils sont alors secs, polyspermes, déhiscents suivant la longueur de leur angle interne; et les graines renferment sous leurs téguments un albumen peu abondant, entourant un embryon à cotylédons foliacés, repliés-convolutés autour de la radicule qui est voisine du hile. Les *Helicteres* habitent toutes les régions chaudes des deux mondes, et surtout du nouveau. Parmi les trente espèces [1] environ qui composent le genre, il y en a à peu près la moitié dont les carpelles demeurent rectilignes jusqu'au bout; on en a fait une section, dite des *Orthocarpœa* [2]. Les autres ont l'ensemble des carpelles tordu en spirale (fig. 96); d'où le nom de *Spirocarpœa* [3]. Ce sont des arbres ou des arbustes, dont toutes les parties sont ordinairement parsemées de poils étoilés ou rameux. Leurs feuilles sont alternes, et leurs fleurs, axillaires, sont solitaires ou disposées en petites cymes; les pédicelles sont souvent munis de deux bractées stipuliformes.

Helicteres Isora.

Fig. 96. Fruit.　　Fig. 95. Fleur.

A côté de ce genre se placent les suivants, au nombre de cinq :

Les *Kleinhovia* [4], dont on ne connaît qu'une espèce asiatique [5], ont

1. H. B. K., *Nov. gen. et spec.*, V, 303. — A. S. H., *Pl. us. Brasil.*, t. 64; *Fl. Bras. mer.*, I, 271, t. 54. — MORIC., *Pl. nouv. amér.*, t. 63. — WIGHT, *Icon.*, t. 180. — A. RICH., *Fl. cub.*, t. 18, 19. — THW., *Enum. pl. Zeyl.*, 28. — MIQ., *Fl. ind.-bat.*, I, p. II, 169. — BENTH., *Fl. austral.*, I, 232. — GRISEB., *Fl. brit. W.-Ind.*, 89. — *Bot. Reg.*, t. 903. — *Bot. Mag.*, t. 2061. — WALP., *Rep.*, I, 332; II, 794; *Ann.*, I, 105; II, 159; IV, 319; VII, 422.

2. DC., *Prodr.*, 476 (sect. II). — *Alicteres* NECK., *Elem.*, n. 1801. — *Orthothecium* SCHOTT et ENDL., *Melet.*, 31. — *Methorium* SCHOTT et ENDL., *loc. cit.*, 29, t. 5. — ENDL., *Gen.*, n. 5315. — *Oudemansia* MIQ., *Pl. Jungh.*, I, 296; *Fl. ind.-bat.*, I, p. II, 169.

3. DC., *Prodr.*, 475 (sect. I). — *Isora* SCHOTT et ENDL., *loc. cit.*, 31.

4. L., *Gen.*, n. 1024. — GÆRTN., *Fruct.*, II, 261, t. 137. — LAMK, *Dict.*, III, 367; *Ill.*, t. 734. — DC., *Prodr.*, I, 488. — ENDL., *Gen.*, n. 5335. — B. H., *Gen.*, 219, n. 9.

5. *K. Hospita* L., *Spec.*, 1365. — RUMPH., *Herb. amboin.*, III, t. 113. — CAV., *Diss.*,

le même androcée que es *Helicteres*, supporté par une longue colonne au sommet de laquelle s'implante le gynécée. Mais celui-ci a un ovaire à cinq loges pluriovulées ; et son fruit est une capsule membraneuse, vésiculeuse, loculicide.

Les *Pterospermum* (fig. 97) [1] ont un pied beaucoup plus court, supportant aussi le gynécée et l'androcée. Le premier a aussi un ovaire quinquéloculaire. Quant aux étamines, elles ont des filets allongés, monadelphes ou inégalement polyadelphes, et des loges également allongées. On connaît de ce genre une douzaine d'espèces [2], arbres ou arbustes de l'Asie tropicale, à feuilles souvent insymétriques, à fleurs axillaires, solitaires ou peu nombreuses. Leur fruit est une capsule loculicide, coriace ou ligneuse, à graines ailées.

Pterospermum suberosum.

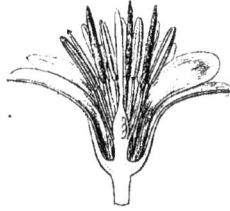

Fig. 97. Fleur, coupe longitudinale.

Dans les *Eriolæna* [3], dont on a fait le type d'une tribu particulière [4], le support commun à l'androcée et au gynécée est bien plus court encore, quelquefois même presque nul ; et les étamines, de même forme à peu près que celles des *Pterospermum*, sont échelonnées sur la surface extérieure d'un tube commun constitué par la portion non libre de leurs filets. L'ovaire est partagé en loges pluriovulées, au nombre de quatre à douze ; et le fruit est une capsule ligneuse, loculicide, polysperme et à graines ailées. Les six ou sept espèces connues [5] sont des arbres indiens, à fleurs axillaires, solitaires ou groupées en cymes.

Dans les deux genres *Ungeria* et *Reevesia*, l'organisation générale est très-analogue à celle des *Kleinhovia* et des *Pterospermum* ; mais les anthères s'insèrent directement, comme dans les *Sterculia*, sous le gynécée

t. 146. — H. B. K., *Nov. gen. et spec.*, V, 313. — Roxb., *Fl. ind.*, III, 140. — Wight et Arn., *Prodr.*, I, 64. — Garcke, in *Bonplandia*, V, 258. — Walp., *Ann.*, VII, 422.

1. Schreb., *Gen.*, 461. — DC., *Prodr.*, I, 500. — Endl., *Gen.*, n. 5352. — B. H., *Gen.*, 220, n. 11. — H. Bn, in *Payer Fam. nat.*, 285. — *Velaga* Adans., *Fam. des pl.*, II, 389. — Gærtn., *Fruct.*, II, 245. t. 133. — *Pterolæna* DC., *Prodr.* (sect. II). — *Seregleewin* Turcz., in *Bull. Mosc.* (1858), I, 233.

2. L., *Spec.*, 939 (*Pentapetes*). — Cav., *Diss.*, III, t. 43, 44. — Roxb., *Cat. Hort. calc.*, 50. — DC., in *Mém. Mus.*, X, 114, t. 9. — Wight, *Icon.*, t. 489, 631. — Hook., *Icon.*, t. 125. — Thw., *Enum. pl. Zeyl.*, 30. — Bentu.,

Fl. hongk., 38. — Miq., *Fl. ind.-bat.*, Suppl., I, 403. — *Bot. Mag.*, t. 620, 1526. — Walp., *Ann.*, II, 168 ; VII, 422.

3. DC., in *Mém. Mus.*, X, 102, t. 5 ; *Prodr.*, I, 501. — Endl., *Gen.*, n. 5354. — B. H., *Gen.*, 220, n. 12. — H. Bn in *Payer Fam. nat.*, 287. — *Wallichia* DC., in *Mém. Mus.*, X, 104, t. 6. — *Microlæna* Wall., *Cat.*, n. 1173. — Endl., *Gen.*, n. 5355. — *Jackia* Spreng., *Syst.*, III, 85. — *Schillera* Reichb., *Consp.*, 204.

4. *Eriolæneæ* Arn., *Prodr.*, I. 70. — Endl., *Gen.*, 1003. — B. H., *Gen.*, 220.

5. Wall., *Pl. as. rar.*, I, t. 64. — Wight, *Icon.*, t. 882 (*Microchlæna*). — Walp., *Rep.*, I. 351.

que porte à son sommet la colonne commune. Dans les *Reevesia* [1], chacune des loges ovariennes renferme deux ovules ascendants, à micropyle inférieur et extérieur ; et le fruit capsulaire, ligneux, loculicide, contient jusqu'à dix graines ailées, albuminées. Ce sont des arbres de l'Asie tropicale et sous-tropicale, à fleurs disposées en grappes terminales de cymes ; on en connaît une couple d'espèces [2]. Dans les *Ungeria* [3], dont il n'y a qu'une espèce [4], originaire de l'île Norfolk, le fruit est une capsule ligneuse, à cinq angles qui proéminent sous forme d'ailes longitudinales, épaisses et étroites ; et les graines non ailées sont solitaires dans chaque loge, car celle-ci était uniovulée dans la fleur.

III. SÉRIE DES DOMBEYA.

Les fleurs des *Dombeya* [5] (fig. 98-101) sont régulières et hermaphrodites, le plus souvent pentamères. Leur calice est valvaire [6], et leur corolle est formée de pétales tordus [7], souvent insymétriques [8]. L'androcée est composé de cinq faisceaux d'étamines fertiles, superposés aux sépales, et de cinq staminodes en forme de languettes pétaloïdes oppositipétales. Tous ces éléments sont ordinairement unis inférieurement dans une étendue variable en un tube ou urcéole monadelphe. Les faisceaux d'étamines fertiles sont formés exceptionnellement de deux, plus ordinairement de trois ou de quatre, rarement de cinq ou d'un plus grand nombre de branches inégales [9], portant chacune une anthère biloculaire,

1. LINDL., in *Quart. Journ.* (1827), III, 109 ; in *Bot. Reg.*, t. 1236. — SCHOTT et ENDL., *Melet.*, 31. — ENDL., *Gen.*, n. 5318. — B. H., *Gen.*, 219, n, 7.
2. HOOK., in *Bot. Mag.*, t. 4199. — WALP., *Rep.*, I, 334.
3. SCHOTT et ENDL., *Melet.*, 27, t. 4. — ENDL., *Gen.*, n. 5317. — B. H., *Gen.*, 219, n. 8.
4. *U. floribunda* SCHOTT et ENDL., *loc. cit.*
5. CAV., *Diss.*, III, 121, t. 38-41. — J., *Gen.*, 277. — GÆRTN., *Fruct.*, II, 259, t. 137. — LAMK, *Ill.*, t. 137. — DC., *Prodr.*, I, 498. — SPACH, *Suit. à Buffon*, III, 447. — ENDL., *Gen.*, n. 5346. — B. H., *Gen.*, 221, 983, n. 15. — H. BN, in *Payer Fam. nat.*, 288. — *Assonia* CAV., *Diss.*, 120, t. 42. — DC., *Prodr.*, I, 498. — ENDL., *Gen.*, n. 5345. — *Vahlia* DAHL, *Obs.*, 40 (nec THUNB.).— *Kœnigia* COMMERS., mss. — *Xeropetalum* DEL., *Cent. pl. Caill.*, 84. — ENDL., *Gen.*, n. 5347. — *Astrapæa* LINDL., *Collect.*, t. 14 ; *Bot. Reg.*, t. 694. — ENDL., *Gen.*, n. 5349. — H. BN, in

Adansonia, II, 173. — *Hilsenbergia* BOJ., in *Ann. sc. nat.*, sér. 2, XVIII, 189.
6. Les sépales, glabres ou chargés de poils étoilés en dehors, se réfléchissent fréquemment lors de l'anthèse.
7. Souvent persistants et devenant, autour du fruit, secs, rigides et comme parcheminés.
8. Tel est leur nombre dans le *D. decanthera* (CAV., *Diss.*, III, 126, t. 40, fig. 2 ; — *Melhania decanthera* DC., *Prodr.*, I, 499, n. 1), qui paraît d'ailleurs inséparable de ce genre dont il a le périanthe. Les deux étamines de chaque paire sont inégales, et ont les anthères presque cordiformes. L'ovaire est biloculaire avec un ou deux ovules dans chaque loge.
9. Dans les *Astrapœa*, il y a souvent vingt-cinq étamines fertiles, les plus extérieures étant les plus courtes. Le tube qu'elles forment est cylindrique ou pentagonal. Dans le *D. cannabina* (HOOK., in *Bot. Mag.*, t. 3619), type du genre *Hilsenbergia*, le tube androcéen est très-long et très-étroit. Le pollen des Dombeyées est, d'après M. H. MOHL (in *Ann. sc. nat.*, sér. 2, III, 334),

extrorse, déhiscente par deux fentes longitudinales. Le gynécée est libre, formé d'un ovaire à cinq loges alternipétales, et plus rarement d'un nombre moindre de loges, surmonté d'un style partagé plus ou moins profondément en un même nombre de branches, stigmatifères en haut et en dedans. Dans l'angle interne de chaque loge se trouve un

Dombeya angulata.

Fig. 99. Fleur.   Fig. 98. Inflorescence.   Fig. 100. Fleur, coupe longitudinale (⅐).

placenta qui supporte deux ovules collatéraux ou presque superposés (fig. 100), et ascendants, avec le micropyle dirigé en bas et en dehors. Le fruit est une capsule loculicide, formée de deux à cinq loges mono- ou dispermes ; et les graines renferment sous leurs téguments un albumen charnu, qui enveloppe un embryon plus ou moins replié sur lui-même, à radicule infère, à larges cotylédons foliacés et bipartits. Les *Dombeya* sont des arbustes ou des arbrisseaux des régions les plus chaudes de l'Afrique continentale et insulaire, abondants surtout dans les îles de la côte orientale[1]. Leurs feuilles sont alternes, pourvues de deux stipules, et souvent cordées, palminerves. Leurs fleurs sont disposées en cymes, axillaires ou terminales, pédonculées, souvent ramifiées, souvent aussi simulant des ombelles ou des capitules que plusieurs bractées peuvent entourer comme d'un large involucre. Chaque pédicelle est pourvu de deux ou trois bractéoles unilatérales, de dimensions très-variables, libres ou connées, souvent caduques. Le genre renferme environ vingt-cinq espèces[2], dont plusieurs, décrites comme distinctes, sont très-variables de formes.

Dombeya (Assonia) populnea.

Fig. 101. Fruit (¾).

formé de grains sphériques, couverts de courtes épines, avec trois papilles équatoriales entourées d'un étroit halo

1. Les quelques espèces récoltées dans l'Inde y ont-elles été introduites ?
2. WALL., *Pl. as. rar.*, III, t. 235. — ENDL.,

Les genres rapprochés, dans cette série, des *Dombeya* proprement dits en sont tous très-voisins. Ce sont d'abord les *Trochetia* (fig. 102), qui ont souvent les loges ovariennes multiovulées, ou qui, quand ils n'ont que deux ovules dans chaque loge, ont au-dessous de chacun d'eux un obturateur, ou bien ont les loges partagées en demi-loges uniovulées par une fausse-cloison. Leur calice est coriace ; leur style, formé de cinq branches épaisses, rayonnantes ; leurs fleurs, ordinairement peu nombreuses, ou même solitaires, accompagnées de bractéoles minimes, ou sans bractéoles. Les *Astiria* sont des *Dombeya* sans staminodes pétaloïdes et à vingt étamines fertiles. Les *Ruizia* n'ont pas non plus de staminodes, mais ont un ovaire à dix loges biovulées et des styles à peu près libres. Les *Pentapetes* ont des loges ovariennes pluriovulées, un style simple, des staminodes pétaloïdes et de dix à quinze étamines fertiles. Les *Cheirolaena* ont la plupart des caractères des *Pentapetes ;* mais leurs étamines fertiles se détachent un peu plus bas de la surface extérieure du tube de l'androcée, et les trois bractéoles qui accompagnent la fleur sont digitées. Enfin les *Melhania* sont des *Dombeya* qui n'ont plus que dix étamines monadelphes : cinq stériles et pétaloïdes, superposées aux pétales, et cinq fertiles, alternes.

Trochetia Erythroxylon.

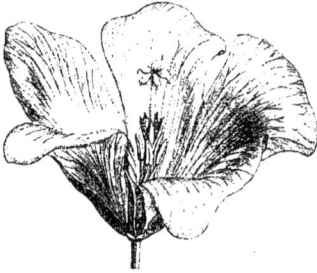

Fig. 102. Fleur.

IV. SÉRIE DES CHIRANTHODENDRON.

Les *Chiranthodendron* [1] (fig. 103-105) ont les fleurs régulières, hermaphrodites et apétales. Sur leur réceptacle déprimé s'insère un

Iconogr., t. 118 (*Xeropetalum*,. — Pl., in *Fl. des serr.*, VI, 225, t. 605. — Harv. et Sond., *Fl. cap.*, I, 220 ; Suppl., 599. — Harv., *Thes. cap.*, t. 89, 137, 138. — Mast., in *Oliv. Fl. trop. Afr.*, I, 226. — *Bot. Mag.*, t. 2503 (*Astrapæa*), 2905, 4544, 4568, 4578, 5487. — Walp., *Rep.*, I, 349 ; II, 797 ; *Ann.*, II, 167 ; IV, 325 ; VII, 423.

1. H., ex Larreategui, *Descr. bot. du Chi-*ranthodendron... (trad. Lescall., 1805), icon. — *Cheirostemon* B. H., *Pl. æquin.*, I, 81, t. 24. — H. B. K., *Nov. gen. et spec.*, V, 302. — Tiles., in *Act. petrop.*, V, 321, t. 9.— DC., *Prodr.*, I, 480.— Schott et Endl., *Melet.*, 34. — Turp., in *Dict. sc. nat.*, Atl., t. 139. — Endl., *Gen.*, n. 5307. — Payer, *Organogr.*, 45. — B. H., *Gen.*, 212, n. 52, 983, n. 12 a. — H. Bn, in *Payer Fam. nat.*, 287.

périanthe campanulé, coloré, épais, coriace, dont les divisions sont
unies entre elles vers la base et disposées dans le bouton en préfloraison
quinconciale. Au pied de chacune d'elles se voit en dedans une fossette
nectarifère. Plus intérieurement, le réceptacle porte le gynécée, et,
autour de lui, l'enveloppant comme une gaîne, l'androcée formé de cinq
étamines monadelphes, alternes avec les divisions du calice. Leurs filets

Chiranthodendron platanoïdes.

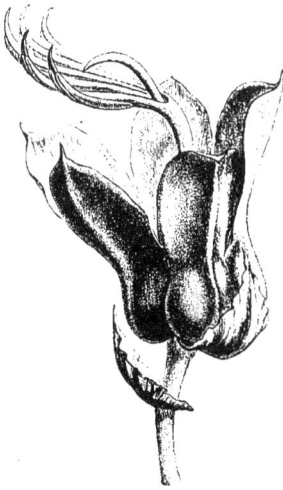

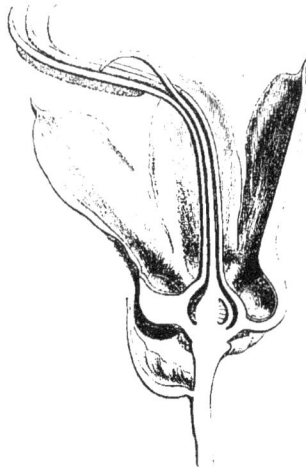

Fig. 103. Fleur.   Fig. 105. Fleur, coupe longitudinale.

forment inférieurement un long tube, conique au niveau de l'ovaire
qu'il enveloppe, puis cylindrique un peu plus haut, dans sa portion
supérieure traversée par le style. Le sommet des filets devient libre et se
termine par un connectif basifixe, à extrémité aiguë et arquée. Celle-ci
surmonte les deux loges de l'anthère qui sont appliquées dans toute leur
longueur sur la face externe d'un connectif concave en dehors [1] et s'ouvrent chacune par une fente longitudinale, extrorse. Placé symétri-
quement tout autour du gynécée dans son jeune âge, l'appareil staminal
se déjette ultérieurement de telle façon, que le sommet de la colonne
formée par les filets devient oblique, et que les cinq anthères se portent

---

[1] La coupe transversale du connectif représente un V, avec la section horizontale d'une
loge de l'anthère au sommet de chacune de ses
branches ; on a cru les anthères uniloculaires.

toutes d'un seul côté où elles figurent comme les cinq doigts de la main[1]. L'ovaire est supère ; il est surmonté d'un style unique, à sommet atténué en pointe stigmatifère, arquée du même côté que les anthères, et faisant saillie au delà de l'ouverture supérieure du tube staminal[2]. Dans l'ovaire, il y a cinq loges, superposées aux divisions du calice, avec un placenta multiovulé dans l'angle interne de chacune d'elles. Les ovules sont disposés sur deux séries verticales et incomplétement campylotropes[3]. Le fruit est une capsule loculicide, à cinq valves ; elle renferme de nombreuses graines dont les téguments, épais et crustacés, recouvrent un embryon axile qu'entoure un albumen

Chiranthodendron platanoides.

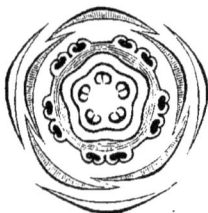

Fig. 104. Diagramme.

charnu ou presque corné. Sur leur surface extérieure, glabre et lisse, se développe une saillie arillaire, épaisse et charnue, qui naît du tégument entre la base du hile allongé et la région chalazique.

Ce genre n'a longtemps renfermé qu'une seule espèce, le *C. platanoides*[4], bel arbre mexicain, à feuilles alternes, cordées, 5-7-lobées, chargées, comme presque toutes les parties de la plante, d'un duvet étoilé, et portant des fleurs solitaires, presque oppositifoliées, dont le pédoncule porte à des hauteurs variables deux ou trois bractées alternes. Mais depuis quelques années, une seconde espèce du genre, le *C. californicum*, a été décrite sous le nom de *Fremontia*[5]. Elle peut être considérée comme le type d'une section particulière, à cause de son port, de la consistance plus membraneuse et plus sèche de son calice, de ses étamines, qui conservent à peu près jusqu'au bout leur disposition verticillée et dont les loges deviennent bien plus arquées et recourbées en dedans[6], et en même temps de sa capsule courte et presque globuleuse.

1. D'où le nom vulg. de *Arbol de manitas*.
2. La convexité de la courbe formée par le style et par les filets staminaux rapprochés en tube regarde le côté postérieur de la fleur, quand celle-ci est adulte et épanouie.
3. Ils ont deux enveloppes.
4. *Cheirostemon platanoides* H. B., *loc. cit.* — Hook., in *Bot. Mag.*, t. 5135. — *Belg. hortic.*, X, t. 8. — Walp., *Rep.*, IV, 319 ;

Ann., VII, 418. — *Macpalxochitl* Hernand., *Mex.*, 382.
5. Torr. in *Smiths. Contr.*, VI, 5, t. 2 (*Pl. Fremont.*). — B. H., *Gen.*, 212, n. 53, 982, n. 12 *a.* — *Bot. Mag.*, t. 5135. — Walp., *Ann.*, IV, 319 ; VII, 418.
6. La paroi des anthères porte des rides transversales parallèles. Le tube formé par la base des filets est court et assez large.

V. SÉRIE DES HERMANNIA.

La fleur des *Hermannia* [1] (fig. 106-115) est régulière, hermaphrodite. Son réceptacle convexe porte un calice gamosépale, à cinq divisions peu profondes, valvaires dans le bouton, puis cinq pétales

Hermannia denudata.

Fig. 107. Fleur (?).

Fig. 109. Fleur, coupe longitudinale.

Fig. 108. Diagramme.

Fig. 106. Rameau florifère.

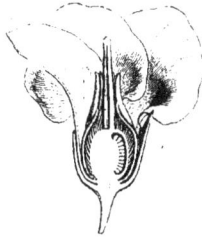

Fig. 110. Fleur, sans le périanthe.

alternes, libres, à onglets creusés en forme de gouttières, à limbes tordus dans le bouton. Plus intérieurement, s'insèrent cinq étamines oppositipétales, dont les filets sont libres ou connés à la base, aplatis, pétaloïdes, souvent valvaires-rédupliqués, et dont les anthères sont plus étroites que les filets, biloculaires, extrorses, déhiscentes de haut

1. L., *Gen.*, n. 828. — J., *Gen.*, 289; in *Mém. Mus.*, V, 242. — LAMK, *Dict.*, III, 177; Suppl., III, 44; *Ill.*, t. 570. — TURP., in *Dict. sc. nat.*, Atl., t. 144.— DC., *Prodr.*, I, 493.— ENDL., *Gen.*, n. 5340. — PAYER, *Organog.*, 44, t. 9.— H. BN, in *Adansonia*, III, 176; IX, 338; in *Payer Fam. nat.*, 289. — B. H., *Gen.*, 223, n. 20.— *Trichanthera* EHREND., in *Linnæa*, IV, 401. — PL., in *Ann. sc. nat.*, sér. 4, III, 292. — *Eurynema* ENDL., *Gen.*, Suppl., II, 292.

en bas, dans une étendue variable, par deux fentes longitudinales [1]. Le gynécée supère se compose d'un ovaire, sessile ou stipité, à cinq loges alternes avec les étamines, surmontées d'autant de styles qui se rapprochent par leurs bords pour former un long style conique, creux, à extré-

Hermannia denudata.

Fig. 112. Graine ($\frac{5}{1}$).   Fig. 114. Fruit ($\frac{4}{1}$).   Fig. 113. Graine, coupe longitudinale.

mité stigmatifère. Dans chaque loge, un certain nombre d'ovules anatropes, horizontaux ou obliques, s'insèrent dans l'angle interne. Le fruit est une capsule loculicide [2] (fig. 111), dont les graines [3], en nombre indéfini, renferment sous leurs téguments un albumen charnu qu'enveloppe plus ou moins complétement l'embryon arqué (fig. 114). Les *Hermannia* proprement dits sont au nombre d'environ quatre-vingts. Ce sont des plantes herbacées, suffrutescentes ou frutescentes, glabres ou plus souvent chargées de poils, fréquemment étoilés. Leurs feuilles sont alternes, dentées ou incisées, accompagnées de deux stipules, grandes, foliacées, plus rarement petites, ou même nulles. Leurs fleurs sont disposées en cymes, simples ou composées, simulant parfois des grappes terminales ou, plus souvent, latérales et en apparence axillaires [4]. Presque toutes les espèces sont originaires de l'Afrique australe ; cependant quelques-unes se rencontrent dans l'Afrique tropicale, à Madagascar, en Arabie, et même trois ou quatre au Mexique et au Texas [5].

---

1. Décrites comme des pores quand elles sont apicales et très-courtes. Dans toutes les Hermanniées étudiées (*Hermannia*, *Waltheria*, *Melochia*), le pollen est ovoïde ou sphérique, à trois (rarement quatre) plis courts, avec des ombilics (H. MOHL, in *Ann. sc. nat.*, sér. 2, III, 334).
2. A sommet mutique ou prolongé en cinq pointes.
3. Elles ont souvent un rudiment d'arille (voy. *Adansonia*, IX, 338).
4. Souvent elles sont soulevées sur les rameaux jusqu'au niveau d'une feuille à côté de

laquelle elles deviennent libres. Cette disposition est plus prononcée dans les *Melochia*. Les fleurs ne sont donc pas réellement axillaires.
5. CAV., *Diss.*, VI, 327, t. 177-182. — JACQ., *Hort. schœnbr.*, t. 117, 129, 213, 215, 291, 292. — WENDL., *Sert. hanov.*, t. 4, 5, 10. — SPACH, *Suit. à Buffon*, III, 466. — A. GRAY, *Gen. ill.*, t. 135. — HOOK., *Icon.*, t. 597. — HARV. et SOND., *Fl. cap.*, I, 180. — ANDR., *Bot. Repos.*, t. 164. — GARCKE, in *Bot. Zeit.* (1864), 17. — *Bot. Mag.*, t. 299, 304, 307. — WALP., *Ann.*, III, 832 ; VII, 424.

Dans un grand nombre d'*Hermannia* de l'Afrique australe, les filets staminaux, au lieu de s'élargir dans leur portion supérieure, présentent vers le milieu de leur hauteur une dilatation qui peut être chargée de papilles. C'est sur ce caractère qu'on a fondé le genre *Mahernia* [1] (fig. 114, 115), conservé par la plupart des auteurs. Nous n'en ferons, dans le genre *Hermannia*, qu'une section, renfermant à elle seule une trentaine d'espèces, frutescentes ou suffrutescentes [2].

Dans les *Melochia* [3] (fig. 116), l'organisation générale de la fleur est la même que dans les *Hermannia*, mais avec deux grandes différences : les carpelles sont superposés aux étamines, au lieu de leur être alternes ; et chacun d'eux, au lieu d'un nombre indéfini d'ovules, n'en contient que deux, ascendants, avec le micropyle extérieur et inférieur [4]. D'ailleurs les styles sont libres, au moins dans une certaine étendue ; des staminodes, de forme variable, peuvent être interposés aux étamines fertiles, avec lesquelles ils s'unissent inférieurement ; et l'embryon est rectiligne, au lieu d'être plus ou moins recourbé. Le calice est quelquefois membraneux et vésiculeux autour du fruit. C'est pour cette raison qu'on a fait un genre particulier, sous le nom de *Physodium* [5], de deux ou trois *Melochia* mexicains, dont les fleurs sont d'ailleurs plus grandes. Les loges du fruit capsulaire ont, dans tous les *Melochia*, une déhiscence loculicide. Mais en outre, dans ceux qu'on a distingués sous le nom de *Riedlea* [6], elles se séparent plus ou moins tôt les unes des autres. De même que parmi les *Dombeya*, à ovaire généralement quinquéloculaire,

Hermannia (Mahernia) incisa.

Fig. 114. Fleur ($\frac{2}{1}$).

Fig. 115. Fleur, sans le périanthe.

---

1. L., *Mantiss.*, n. 1255. — DC., *Prodr.*, I, 496. — SPACH, *Suit. à Buffon*, III, 472. — ENDL., *Gen.*, n. 5341. — B. H., *Gen.*, 223, n. 21. — H. BN, in *Adansonia*, III, 176.

2. CAV., *Diss.*, VI, t. 176, f. 1, 2 ; t. 177, f. 3 ; t. 178, f. 1 ; t. 181, f. 2 ; t. 200, f. 1, 2. — JACQ., *Hort. schœnbr.*, t. 54, 201. — ANDR., *Bot. Repos.*, t. 85. — HARV. et SOND., *Fl. cap.*, I, 207. — *Bot. Reg.*, t. 224. — *Bot. Mag.*, t. 277, 353. — WALP., *Ann.*, VII, 426.

3. L., *Gen.*, n. 829. — J., *Gen.*, 274. — GÆRTN., *Fruct.*, II, 153, t. 113. — LAMK, *Dict.*, IV, 81 ; *Suppl.*, III, 653 ; *Ill.*, t. 571. — DC., *Prodr.*, I, 490. — ARN., in *Ann. sc. nat.*, sér. 2, II, 235. — ENDL., *Gen.*, n. 5337. — H. BN,

in *Adansonia*, III, 177 ; IX, 344 ; in *Payer Fam. nat.*, 289. — B. H., *Gen.*, 223, n. 23.

4. Ils ont double tégument.

5. PRESL, in *Rel. Hœnk.*, II, 150, t. 72. — ENDL., *Gen.*, n. 5339. — B. H., *Gen.*, 223, n. 22.

6. VENT., *Choix de pl.*, t. 37. — *Riedleia* DC., *Prodr.*, I, 490. — ENDL., *Gen.*, n. 5338. — *Mougeotia* H. B. K., *Nov. gen. et spec.*, V, 326, t. 483, 484. — *Polychlæna* G. DON, *Gen. Syst.*, I, 488. — ? *Altheria* DUP.-TH., *Nov. gen. madag.*, 19. — *Lochemia* ARN., in *Ann. sc. nat.*, sér. 2, XI, 172. — *Physocodon* TURCZ., in *Bull. Mosc.* (1858), I, 212. — *Anamorpha* KARST. et TR., in *Linnæa*, XVIII, 443.

il y a quelques espèces dont le gynécée est dicarpellé ; de même, on a observé en Australie, et décrit, sous le nom de *Dicarpidium monoicum* [1], un *Melochia* qui n'a dans sa capsule que deux loges bivalves, se séparant l'une de l'autre à la maturité. Le genre *Me-*

Melochia pyramidata.

Fig. 116. Diagramme.

lochia comprend de la sorte une cinquantaine d'espèces [2], qui habitent toutes les régions chaudes du globe. Ce sont des plantes herbacées ou frutescentes, plus rarement arborescentes, dont les feuilles sont alternes, étroites ou cordées, ordinairement dentées en scie, glabres ou plus souvent chargées de poils simples ou étoilés. Leurs fleurs sont terminales ou axillaires et disposées en glomérules ou en cymes, lesquelles deviennent une grande inflorescence composée, terminale, alors que les feuilles supérieures sont remplacées par des bractées. Ces sortes de panicules sont parfois très-ramifiées dans certains *Melochia* asiatiques et océaniens, qui peuvent avoir des graines ailées, et dont on a fait le genre *Visenia* [3].

Les *Waltheria* [4] sont des *Melochia* dont le gynécée n'a plus qu'un carpelle, et dont l'ovaire, contenant deux ovules ascendants, est surmonté d'un style excentrique, à extrémité stigmatifère renflée ou fimbriée-pénicillée. On en compte une quinzaine d'espèces [5], qui habitent toutes les régions chaudes du globe.

1. F. MUELL., in *Hook. Journ.*, IX, 302. — B. H., *Gen.*, 224, n. 24.— BENTH.,*Fl. austral.*, I, 235. — WALP., *Ann.*, VII, 428.

2. CAV., *Diss.*, t. 172-175. — H. B. K., *Nov. gen. et spec.*, V, 322, t. 326, 482 (*Mougeotia*), t. 403, 483 a, 484. — A. S. H., *Fl. Bras. mer.*, I, 156, t. 31, 32. — BL., *Bijdr.*, 88 (*Visenia*). — A. GRAY, *Gen. ill.*, t. 134. — GRISEB., *Fl. brit. W.-Ind.*, 93. — THW., *Enum. pl. Zeyl.*, 30. — BENTH., *Fl. austral.*, I, 234. — WIGHT, *Icon.*, t. 509. — A. GRAY, in *Amer. expl. Exp., Bot.*, I, 191 (*Visenia*). — WALP., *Rep.*, I, 341, 351 (*Visenia*); II, 796; V, 112; 115 (*Visenia*); *Ann.*, I, 108; II, 166; IV, 324; VII, 427, 428 (*Anamorpha*, *Physocodon*).

3. HOUTT., *Syst.*, VI, 287, t. 46, fig. 3. — ENDL., *Gen.*, n. 5356. — H. BN, in *Adansonia*, III, 180. — *Aleurodendron* REINW., in

Syll. Fl. ratisb., II, 12. — *Glossospermum* WALL., *Cat.*, n. 1153 (ex ENDL.).

4. L., *Gen.*, n. 827. — J., *Gen.*, 289. — POIR., *Dict.*, VIII, 323 ; Suppl., V, 412; *Ill.*, t. 570. — DC., *Prodr.*, I, 492. — SPACH, *Suit. à Buffon*, III, 461. — ENDL., *Gen.*, n. 5336. — B. H., *Gen.*, 224, 983, n. 25. — *Lophanthus* FORST., *Char. gen.*, 27, t. 14. — *Astropus* SPRENG., *N. Entd.*, III, 64 (ex ENDL.).

5. CAV., *Diss.*, t. 170, 171. — H. B. K., *Nov. gen. et spec.*, V, 382. — DELESS., *Ic. sel.*, III, t. 24. — A. S. H., *Pl. us. Bras.*, t. 36 : *Fl. Bras. mer.*, I, 149, t. 30. — GRISEB., *Fl. brit. W.-Ind.*, 94. — HARV. et SOND., *Fl. cap.*, I, 180.— THW., *Enum. pl. Zeyl.*, 30.—BENTH., *Fl. hongk.*, 38; *Fl. austral.*, I, 235. — MAST., in *Oliv. Fl. trop. Afr.*, I, 234. — H. BN, in *Adansonia*, X, 173. — WALP., *Rep.*, I, 340; II, 796; *Ann.*, I, 108; IV, 323; VII, 429.

VI. SÉRIE DES BYTTNÈRES.

Les Byttnères [1] (fig. 117–122) ont les fleurs régulières et hermaphrodites, avec un réceptacle convexe. Leur calice est gamosépale, à cinq
divisions profondes, valvaires ou rédupliquées dans le bouton. Les

Buettneria gracilipes.

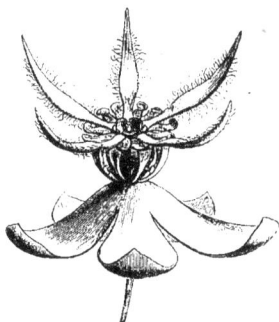

Fig. 117. Fleur ($\frac{4}{1}$).

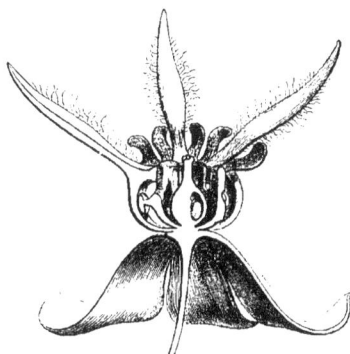

Fig. 119. Fleur, coupe longitudinale ($\frac{10}{4}$).

Fig. 118. Diagramme.

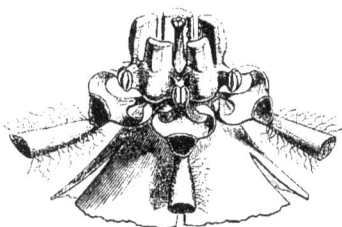

Fig. 120. Organes sexuels ($\frac{12}{4}$).

pétales sont en même nombre et alternes. Ils se composent d'un onglet
grêle, surmonté d'une lame allongée et valvaire-indupliquée. Entre ces
deux portions se trouve une dilatation plus ou moins cucullée, à base
biauriculée, à concavité tournée en dedans et recouvrant une étamine

1. *Buettneria* LOEFL., *It.*, 313. — L., *Gen.*,
n. 268. — ADANS., *Fam. des pl.*, II, 304. —
J., *Gen.*, 277. — LAMK, *Dict.*, I, 522; Suppl.,
I, 752; *Ill.*, t. 140. — DC., *Prodr.*, I, 486
(part.). — TURP., in *Dict. sc. nat.*, Atl., t. 140.
— ENDL., *Gen.*, n. 5331. — SPACH, *Suit. à
Buffon*, III, 489. — H. BN, in *Adansonia*, III,
167; IX, 336, t. 5, flg. 7-33; in *Payer Fam.
nat.*, 290. — B. H., *Gen.*, 225, n. 32. —
LEM. et DCNE, *Tr. gén.*, 343. — *Chœtea* JACQ.,
Enum., 17 (ex ENDL.). — *Heterophyllum* BOJ.,
mss. — *Telfairia* NEWM, mss. (ex HOOK., *Bot.
Misc.*, I, 291, t. 61, nec HOOK.). — *Pentaceros*
G. F. MEY., *Prim. Fl. essequeb.*, 136.

fertile, tandis que les bords du capuchon vont se coller après une surface glanduleuse qui, de chaque côté des étamines stériles, tient la place d'une loge extrorse. L'androcée est formé de dix pièces monadelphes, dont cinq sont stériles, épaisses, atténuées ou tronquées au sommet, glanduleuses en dehors, vers les bords. Elles répondent aux divisions du calice; tandis que les cinq étamines fertiles, superposées aux pétales, sont formées d'un petit filet, qui se détache plus bas en dehors de l'enceinte commune de l'androcée, et d'une anthère articulée à sa base, à deux loges latérales ou extrorses, séparées par un connectif généralement assez large, et déhiscentes chacune par une fente longitudinale[1].

Buettneria grandifolia.

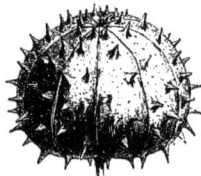

Fig. 121. Fruit.

Le gynécée, libre et supère, est formé d'un ovaire sessile, à cinq loges oppositipétales, surmonté d'un style dont le sommet stigmatifère se partage en cinq branches ou en cinq lobes parfois très-courts. Dans l'angle interne de chaque loge se trouve un placenta qui supporte deux ovules collatéraux ou presque superposés, descendants, incomplétement anatropes, avec le micropyle tourné en dehors et en haut. Le fruit est une capsule sphérique ou à peu près, chargée d'aiguillons (fig. 121), dont les loges détachées de l'axe s'ouvrent ensuite longitudinalement suivant leur bord interne. Les graines, souvent solitaires dans chaque loge, renferment, sous leurs téguments épais, un embryon très-volumineux, dont la radicule conique est infère, surmontée d'une tigelle cylindrique qui occupe l'axe de la graine. Autour de cette tigelle s'enroulent horizontalement les cotylédons, qui sont réfléchis sur elle, surbaissés, formés de deux très-longs lobes latéraux, triangulaires, semblables à des ailes, et qui deviennent spiralement convolutés l'un sur l'autre. Il y a une cinquantaine de *Buettneria*[2], qui habitent presque toutes les régions tropicales du globe. Ce sont des plantes frutescentes ou suffrutescentes, parfois grimpantes, souvent chargées d'aiguillons.

1. M. H. MOHL (in *Ann. sc. nat.*, sér. 2, III, 334) décrit le grain du pollen comme « un prisme triangulaire, sur chaque face latérale duquel est une papille ovale placée en long; dans l'eau, sphère avec trois papilles (*B. heterophylla*). »

2. AUBL., *Guian.*, t. 96. — CAV., *Diss.*, V, 290, t. 148-150. — JACQ., *Hort. schœnbr.*, t. 46. — H. B. K., *Nov. gen. et spec.*, V, 314, t. 481 a, 481 b. — A. S. H., *Fl. Bras. mer.*, I, 138, t. 27-29. — POHL, *Pl. bras.*, II, t. 145-154. — ROXB., *Pl. coromand.*, I, t. 29. — WIGHT, *Icon.*, t. 488. — BENTH., *Fl. hongk.*, 38. — TR. et PL., in *Ann. sc. nat.*, sér. 4, XVII, 331. — GRISEB., *Fl. brit. W.-Ind.*, 92. — H. BN, in Adansonia, X, 177. — WALP., *Rep.*, I, 338; II, 796; V, 111; *Ann.*, I, 107; II, 166; IV, 322; VII, 432.

Leurs feuilles sont alternes, accompagnées de stipules latérales ; et leurs fleurs sont réunies en cymes, parfois ombelliformes, terminales ou latérales et subaxillaires [1], sessiles ou pédonculées.

A côté des Byttnères se placent trois genres très-voisins qui ont aussi cinq anthères fertiles, alternes avec cinq staminodes. Ce sont : les *Ayenia*, qui ont le dos des pétales nu ou glandulifère, des anthères ordinairement triloculaires et des fruits muriqués ; les *Rulingia* (fig. 123) et les *Commersonia*, dont les pétales ont une base large et concave, et un sommet ligulé, parfois court. Les premiers ont des staminodes simples et une capsule lisse ou échinée ; les derniers ont des staminodes ordinairement tripartits et un fruit capsulaire, chargé de soies molles et flexibles. Tous les genres précédents peuvent être réunis en une sous-tribu des Eubuettnériées, laquelle a des affinités très-étroites avec les Lasiopétalées. Dans une deuxième sous-série (des Théobromées), se trouvent des genres dans lesquels il y a, dans l'intervalle des staminodes, non plus une, mais deux ou plusieurs étamines fertiles.

Buettneria salicifolia.

Fig. 122. Fleur ($\frac{4}{1}$).

Rulingia pannosa.

Fig. 123. Fruit déhiscent ($\frac{2}{1}$).

Les Cacaoyers [2] (fig. 124-129) ont les fleurs hermaphrodites et régulières. Sur leur petit réceptacle convexe s'insèrent cinq sépales valvaires et cinq pétales alternes, dont le limbe est tordu dans la préfloraison. Chacun d'eux présente une portion basilaire, dilatée en forme de cuilleron, qui recouvre les étamines fertiles, une portion rétrécie surmontant la première, et, tout à fait en haut, un limbe allongé en forme de bandelette, aplati, obtus au sommet, réfléchi dans l'anthèse. Les étamines sont monadelphes ; elles forment à leur base un urcéole qui entoure l'ovaire et qui porte supérieurement cinq staminodes stériles, superposés aux sépales, et plus longs que l'ovaire, au-dessus duquel ils se terminent en pointe, plus cinq paires d'étamines fertiles, oppositipétales. Pour chaque paire, il y a un petit filet commun, dressé, et quatre loges

---

1. Souvent entraînées le long des rameaux, où elles forment des côtes saillantes dans leur portion adhérente, elles s'en détachent au niveau d'une feuille, ou à peu près, mais latéralement. (Voy. *Adansonia*, III, 169.)

2. *Theobroma* L., *Gen.*, n. 100. — J., *Gen.*, 276. — DC., *Prodr.*, I, 484. — Endl., *Gen.*,

n. 5333. — H. Bn, in *Adansonia*, II, 170 ; IX, 338, t. 5, fig. 1-6 ; in *Payer Fam. nat.*, 291 ; in *Dict. encycl. sc. méd.*, XI, 364. — B. H., *Gen.*, 225, n. 28. — *Cacao* T., *Inst.*, 660, t. 444. — Adans., *Fam. des pl.*, II, 344. — Lamk., *Dict.*, I, 533 ; Suppl., II, 7 ; *Ill.*, t. 635. — Gærtn., *Fruct.*, II, 190, t. 122.

disposées en croix, deux supérieures et deux inférieures, déhiscentes chacune en dehors par deux fentes longitudinales. Deux de ces loges représentent une anthère [1]; et quelquefois il y a six loges, c'est-à-dire rois anthères à chaque faisceau [2]. Le gynécée est supère, formé, comme

Theobroma Cacao.

Fig. 124. Rameau fructifère ($\frac{4}{7}$).

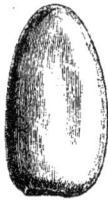

Fig. 128. Graine.   Fig. 126. Diagramme.   Fig. 129. Graine, coupe longitudinale.

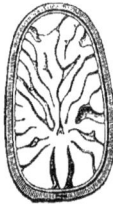

celui des Byttnères, d'un ovaire à cinq loges oppositipétales, surmonté d'un style à cinq branches stigmatifères. Mais dans l'angle interne de chaque loge, il y a un placenta chargé d'un nombre indéfini d'ovules anatropes, disposés sur deux séries verticales, transversaux et se regardant par leurs raphés [3]. Le fruit est une sorte de baie [4], à paroi peu

---

1. La supérieure et l'inférieure d'un même côté appartiennent à une même anthère, déjetée latéralement. Le pollen est ovoïde, avec trois plis, et, dans l'eau, ovoïde ou sphérique, avec trois bandes papilleuses. (H. Mohl, in *Ann. sc. nat.*, sér. 2, III, 334.)

2. Dans ce cas, la troisième anthère est supérieure et médiane.

3. Ils ont deux enveloppes.

4. Elle est décrite par la plupart des auteurs comme une drupe à noyau ligneux et pluriloculaire. « *Fructus drupaceus, putamine lignoso*

charnue, et qui, dans l'espèce la plus utile, le Cacaoyer commun [1], a la forme à peu près d'un concombre. Sa surface extérieure est rugueuse, mamelonnée et, en outre, parcourue par dix saillies longitudinales équidistantes. Le mésocarpe, de couleur variable [2], est peu charnu et définitivement desséché à la maturité. L'endocarpe se continue d'abord avec

Theobroma Cacao.

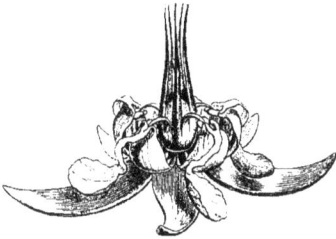

Fig. 125. Fleur (²⁄₁).

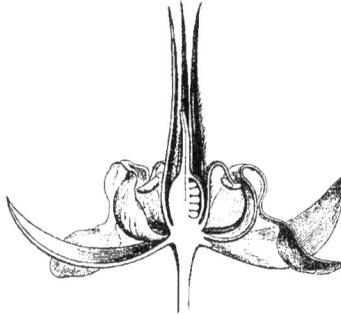

Fig. 127. Fleur, coupe longitudinale.

une pulpe molle [3], dans laquelle sont nichées des graines nombreuses. Celles-ci (fig. 128, 129), qui constituent la portion employée du Cacaoyer, sont irrégulièrement ovoïdes, et renferment sous leurs téguments un gros embryon à radicule conique, courte, cachée entre les cotylédons, qui sont épais, charnus, fortement corrugués et repliés sur eux-mêmes, et entre les replis desquels l'albumen est à peine représenté par quelques rudiments muqueux qui peuvent même faire totalement défaut. Outre l'espèce commune, le genre en renferme quatre ou cinq

5-*loculari.*» (B. H., *Gen.*) Mais, lorsqu'elle est mûre et encore fraîche, elle est charnue jusqu'à la surface des graines. Il y a bien alors une zone mince, irrégulièrement interrompue, qui, à une certaine distance en dehors de la surface interne de l'endocarpe, se fait remarquer par sa consistance légèrement ligneuse ; mais cette apparence est due à des faisceaux fibro-vasculaires assez rapprochés les uns des autres, et la zone n'a pas les caractères d'un véritable noyau.

1. *T. Cacao* L., *Spec.*, 1100. — DC., *Prodr.*, n. 1. — *Cacao sativa* LAMK, *Ill.*, t. 653. — *C. minus* GÆRTN., t. 122. — *C. Theobroma* Tuss., *Fl. ant.*, t. 13.

2. Variant du jaune pâle au rouge vif et au pourpre violacé, et très-variable aussi quant à la forme plus ou moins allongée, à la netteté plus

ou moins grande des saillies linéaires ou des sillons longitudinaux et des inégalités de la surface ; d'où la possibilité de distinguer plusieurs variétés et races, dont les qualités sont quelque peu différentes, comme il arrive dans la plupart des arbres fruitiers cultivés.

3. Son origine est encore inconnue et ne pourra être déterminée sûrement que par l'étude de son développement. Il ne faudrait pas toutefois admettre a priori, qu'à part sa consistance charnue, elle est analogue aux poils qui enveloppent les semences des *Eriodendron* et qui sont, dit-on, des cellules de l'endocarpe étirées et desséchées. La pulpe est aussi çà et là parcourue par des faisceaux longitudinaux, peu consistants, qui semblent dépendre du péricarpe et des cloisons détruites.

autres, toutes originaires de l'Amérique tropicale [1]. Ce sont des arbres
ou des arbustes, à feuilles alternes, simples, pétiolées, accompagnées de
deux petites stipules latérales caduques. Leurs fleurs, solitaires ou disposées en cymes racémiformes, naissent dans l'aisselle des feuilles
existantes, ou, plus souvent, sur le bois du tronc ou des branches âgées,
et dans l'aisselle de feuilles tombées depuis longtemps [2].

On a distingué, sous le nom générique d'*Herrania*, trois ou quatre
Cacaoyers dont les pétales, quelquefois très-longs, sont linéaires et invo-
lutés-circinés dans le bouton, et dont les feuilles sont composées-digitées ;
en sorte que ce genre mériterait à peine d'être conservé. A côté de lui se
placent, dans cette sous-série, attendu qu'ils ont des loges multiovulées et
des étamines fertiles non solitaires, les six genres suivants : les *Guazuma*,
qui ont généralement des pétales à limbe linéaire, bifide, deux ou trois
étamines fertiles dans chaque faisceau, un fruit muriqué et des graines à
albumen charnu ; les *Scaphopetalum*, qui ont des pétales obovés-cucullés,
sans lame apicale, et des anthères ternées, sessiles sur l'urcéole de l'androcée dans l'intervalle des staminodes ; les *Leptonychia*, qui ont des
pétales courts et concaves, et des étamines fertiles, groupées par paires,
qu'accompagnent en dehors une ou plusieurs étamines stériles ; les
Abroma, qui ont des pétales analogues à ceux des *Theobroma*, avec des
faisceaux superposés, formés chacun de deux à quatre étamines fertiles, et
un fruit capsulaire membraneux ; enfin les *Maxwellia*, qui se rapprochent
en même temps beaucoup des Lasiopétalées par leurs très-petits pétales
glanduliformes, mais qui ont des étamines fertiles géminées, oppositipétales, un ovaire à loges incomplètes, et un fruit ligneux, indéhiscent,
à ailes longitudinales.

Le *Glossostemon Bruguieri*, arbuste persan, à larges feuilles palminerves, chargées de poils étoilés, représente à lui seul une sous-série
particulière, parce que ses étamines, au nombre de trente-cinq, sont
disposées en cinq faisceaux alternipétales, formés chacun de six étamines fertiles, à anthères extrorses, et surmontés d'une languette
pétaloïde. Son fruit est une capsule allongée, hérissée d'aiguillons et
polysperme. Ses graines glabres renferment, sous leurs téguments épais,
un embryon analogue à celui de la plupart des Buettnériées.

---

1. AUBL., *Guian.*, II, 683, t. 275 (*Cacao*). —
H. B., *Pl. æquin.*, I, 104, t. 30. — H. B. K.,
Nov. gen. et spec., V, 315. — A. S. H., *Fl.
Bras. mer.*, I, 147. — GRISEB., *Fl. brit. W.-*
Ind., 91. — TR. et PL., in *Ann. sc. nat.*, sér.
4, XVII, 336. — WALP., *Rep.*, I, 339 ; *Ann.*,
VII, 430.

2. Voy. *Adansonia*, IX, 343, 345.

VII. SÉRIE DES LASIOPETALUM.

Cette série a d'abord été formée du seul genre *Lasiopetalum* [1], dont elle tire son nom. Puis, celui-ci a été partagé en un assez grand nombre de genres secondaires qui ont son organisation générale et ne se distinguent de lui que par des caractères fort peu importants. Les fleurs y

Thomasia corylifolia.

Fig. 130. Rameau florifère.

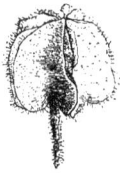

Fig. 131. Bouton ($\frac{2}{1}$).　　Fig. 133. Fleur, coupe longitudinale ($\frac{4}{1}$).　　Fig. 132. Fleur épanouie ($\frac{4}{1}$).

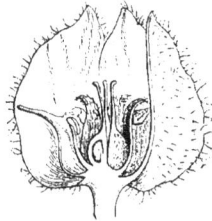

sont hermaphrodites, pentamères, avec un calice fort développé, coloré, valvaire-répliqué et, par suite, pourvu de cinq angles saillants ou de cinq ailes, courtes dans le bouton. Les pétales sont peu visibles, bien plus petits que les sépales, squamiformes; ou même ils manquent tout à fait dans certaines espèces. Cinq étamines fertiles, légèrement monadelphes, leur sont superposées, pourvues chacune d'un court filet et d'une anthère à deux loges [2]. Elles alternent avec de très-courts stami-

1. Sm., in *Trans. Linn. Soc.*, IV, 216. — J. Gay, in *Mém. Mus.*, VII, 445, t. 18, 19. — DC., *Prodr.*, I, 489. — Spach, *Suit. à Buffon*, III, 495. — Endl., *Gen.*, n. 5325. — Payer, *Organog.*, 41, t. 9. — H. Bn, in *Adansonia*,

II, 178; IX, 341. — B. H., *Gen.*, 228, 984, n. 40. — *Corethrostyles* Endl., *Nov. stirp. Mus. vindob. Dec.*, n. 1; *Gen.*, n. 5326.

2. Les anthères ont souvent des sillons de déhiscence extrorses; mais leur sommet se con-

nodes qui souvent aussi font totalement défaut. Le gynécée se compose de cinq carpelles oppositipétales, ou plus rarement de trois carpelles, parce que les deux latéraux n'existent pas ; et leur ovaire renferme deux ovules collatéraux, ascendants, avec le micropyle extérieur et inférieur, ou deux séries verticales d'ovules. Le style a une extrémité stigmatifère entière ou à peine lobée. Le fruit est sec, capsulaire, loculicide; et les graines, souvent arillées [1], renferment sous leurs téguments un embryon rectiligne qu'entoure un albumen charnu. Les *Lasiopetalum* sont des arbustes australiens, chargés de poils étoilés, à feuilles alternes, rarement opposées, entières, dentées, sinuées ou rarement lobées, accompagnées de stipules très-petites, glanduliformes, à peine visibles, ou assez grandes et foliacées. Leurs fleurs sont groupées en fausses-grappes terminales, oppositifoliées ou latérales, simples ou composées, formées de cymes, souvent unipares. Chaque fleur est accompagnée d'une bractée et de deux bractéoles latérales dont la réunion simule parfois un calice. On décrit une vingtaine d'espèces [2] de ce genre.

Dans les *Lasiopetalum* et dans les deux genres voisins, *Guichenotia* et *Lysiosepalum*, formant avec eux une sous-série des Eulasiopétalées, les anthères s'ouvrent par des fentes très-courtes ou des pores. Dans les Thomasiées (*Thomasia*, fig. 130-133, *Hannafordia*, *Guichenotia*), les lignes de déhiscence occupent la longueur des anthères. Dans la sous-série des Séringiées (*Seringia* et *Keraudrenia*), le mode de déhiscence est le même ; mais les carpelles, au lieu d'être unis dans une étendue variable de leur bord interne, sont distincts et isolés, au moins dans le fruit mûr. Les *Keraudrenia* ont un calice qui se développe et se colore après l'anthèse ; ce qui n'arrive point dans les *Seringia*, dont l'embryon est d'ailleurs rectiligne. Presque toutes les espèces de ces genres sont également australiennes.

tourne et revient sur la face interne de l'anthère, dans une courte étendue, et c'est là que se fait la déhiscence. Des fentes courtes ont été souvent décrites comme des pores (voy., sur les particularités que peuvent présenter les anthères des Lasiopétalées, *Adansonia*, II, 179 ; IX, 342). Le pollen est le même que celui des *Theobroma*, *Guazuma*, etc. (H. MOHL, in *Ann. sc. nat.*, sér. 2, III, 334).

1. L'exostome s'épaissit de bonne heure en caroncule. Outre cela, le raphé présente aussi un épaississement arillaire allongé, dans certaines Lasiopétalées.

2. RUDGE, in *Trans. Linn. Soc.*, X, 297, t. 12. — VENTEN., *Jard. Malmais.*, t. 59. — SM., in *Andr. Bot. Repos.*, t. 208.—STEUD., in *Pl. Preiss.*, I, 235. — STEETZ, in *Pl. Preiss.*, II, 339. — HOOK., *Journ. Bot.*, II, 414. — TURCZ., in *Bull. Mosc.* (1852), II, 145. — HOOK. F., *Fl. tasm.*, I, 51. — F. MUELL., *Pl. Vict.*, I, 36 (*Corethrostylis*), 143, t. 3; *Fragm.*, II, 5. — BENTH., *Fl. austral.*, I, 257. — *Bot. Reg.* (1844), t. 47 (*Corethrostylis*).— *Bot. Mag.*, t. 1766, 3908. — WALP., *Rep.*, I, 336; V, 110; *Ann.*, II, 164; IV, 321 ; VII, 437.

VIII. SÉRIE DES MAUVES.

Les Mauves [1] (fig. 134-140) ont les fleurs hermaphrodites, régulières et pentamères. Leur réceptacle convexe porte, de bas en haut : un calicule, un calice, une corolle, de nombreuses étamines et des carpelles

Malva sylvestris.

Fig. 134. Rameau florifère (½).

en nombre indéfini. Le calice est gamosépale, quinquéfide, et ses divisions sont disposées dans le bouton en préfloraison valvaire, souvent un peu rédupliquée. Les pétales sont à leur base unis entre eux et avec la portion inférieure de l'androcée. Ils tombent d'une seule pièce, comme font les corolles gamopétales, et ils sont tordus dans la préfloraison. Les étamines sont en nombre indéfini [2] et monadelphes. Leurs filets forment un tube qui entoure le gynécée, et qui, dans sa portion supé-

---

1. *Malva* T., *Inst.*, 94, t. 23, 24. — L., *Gen.*, n. 841. — ADANS., *Fam. des pl.*, II, 400. — J., *Gen.*, 272. — GÆRTN., *Fruct.*, II, 245, t. 136. — LAMK, *Dict.*, III, 739 ; Suppl., III. 610 ; *Ill.*, t. 582. — DC., *Prodr.*, I, 431 (part.). — SPACH, *Suit. à Buffon*, III, 345. — ENDL., *Gen.*, n. 5271. — DUCHTRE, in *Ann. sc. nat.*, sér. 3, IV, 148, 149. — PAYER, *De la fam. des Malvac.* (thès. Par., 1852), 9, 18 ; *Organog.*, 29, t. 8. — A. GRAY, *Gen. ill.*, t. 116. — B. H., *Gen.*, 201, n. 6. — H. BN, in *Payer Fam.*

nat., 282 (incl. : *Anthema* MEDIK., *Callirhoe* NUTT., *Nuttallia* BART., *Malvastrum* DC., *Malvella* JAUB. et SPACH, *Nototriche* TURCZ., *Phyllanthophora* A. GRAY).

2. D'après PAYER (*Organog.*, 32), l'androcée est formé de dix séries d'étamines, souvent superposées par paires aux pétales, chaque série pouvant se dédoubler, puis les pièces de chacune d'elles se dédoublant elles-mêmes, et l'évolution des étamines se faisant de dedans en dehors (ou de haut en bas) dans chaque série.

rieure et jusqu'à son sommet, se partage en autant de languettes ténues
qu'il y a d'anthères. Celles-ci sont réniformes, uniloculaires [1], extrorses,
déhiscentes par une fente longitudinale [2]. L'ovaire est supère. Ses loges
sont verticillées tout autour de la portion supérieure du réceptacle
floral; et elles sont surmontées d'un style, plus ou moins gynobasique,

Malva sylvestris.

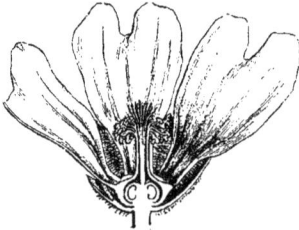

Fig. 135. Fleur, coupe longitudinale ($\frac{2}{1}$).

Fig. 136. Diagramme.

Fig. 138. Fruit ($\frac{1}{1}$).

Fig. 137. Fleur, sans le périanthe ($\frac{4}{1}$).

Fig. 140. Carpelle, coupe longitudinale.

Fig. 139. Carpelle ($\frac{4}{1}$).

qui se partage en autant de branches grêles, filiformes, qu'il y a de
loges ovariennes. En dedans de chaque branche stylaire, il y a un sillon
longitudinal plus ou moins prononcé, à lèvres garnies de papilles stigmatifères. Il y a dans chaque loge, vers la base de l'angle interne, un
placenta qui supporte un seul ovule, ascendant, anatrope, avec le micropyle dirigé en bas et en dehors [3]. Le fruit, accompagné du calice persistant, est sec, formé d'un verticille d'achaines qui, à la maturité, se
séparent les uns des autres et se détachent du réceptacle commun.
Chacun d'eux renferme une graine ascendante qui, sous ses téguments,

1. Le rudiment de cloison qu'on observe souvent dans leur intérieur représente, non pas la
séparation de deux loges, mais la saillie plus ou
moins complète qui se produit dans le jeune âge
entre les deux logettes d'une même loge, et se
résorbe ensuite plus ou moins complétement.

2. Le pollen est formé de grains sphériques
et épineux. Il est en outre remarquable par des

pores ronds, irrégulièrement épars, et par une
membrane externe ponctuée. Les pores et les
épines sont en grand nombre et de petite taille
dans la plupart des *Malva, Althæa, Sida, Lavatera, Napæa* et *Gossypium.* (H. Mohl, in *Ann.
sc. nat.*, sér. 2, III, 334.)

3. Il a deux enveloppes dans la plupart des
Malvées.

contient un embryon à radicule infère et à cotylédons plus ou moins repliés sur eux-mêmes et contortupliqués-chiffonnés, enveloppant plus ou moins largement la radicule. L'albumen manque totalement à la maturité, ou bien il n'est représenté que par de petites masses mucilagineuses, interposées aux replis de l'embryon (fig. 140). Les Mauves sont des plantes herbacées ou suffrutescentes, à peu près glabres ou chargées de poils. Elles ont des feuilles alternes, pétiolées, accompagnées de deux stipules latérales, ordinairement larges et foliacées. Le limbe est le plus souvent digitinerve, denté, anguleux, lobé ou disséqué. Les fleurs[1] sont solitaires ou, plus souvent, réunies en cymes dans l'aisselle des feuilles, avec des pédicelles parfois courts, ou même presque nuls. Lorsque, vers le sommet des rameaux, les feuilles sont remplacées par des bractées, les cymes situées dans l'aisselle de ces dernières se trouvent disposées en une grappe plus ou moins allongée. Immédiatement au-dessous de chaque fleur, se trouvent trois bractées foliacées, libres, qui forment l'involucelle ou le calicule. On connaît quinze ou seize espèces[2] de Mauves proprement dites; elles habitent l'Europe, les régions tempérées de l'Asie, l'Afrique du Nord, et quelques-unes d'entre elles ont pénétré dans tous les pays du monde.

Sous le nom de *Callirhoe*[3], on a distingué génériquement six ou sept[4] Mauves de l'Amérique du Nord, qui ont les carpelles atténués à leur sommet en une sorte de bec court, creux, et dont la cavité est séparée de la loge ovarienne par un processus intérieur dirigé horizontalement. Si à ce caractère se joignaient toujours ceux-ci : la déhiscence des carpelles en deux valves et la réduction des bractées de l'involucelle à deux, une, ou même leur absence complète, ce genre *Callirhoe* pourrait être maintenu comme distinct; mais leur inconstance fait qu'il nous semble préférable de n'en faire qu'une section du genre *Malva*.

Il en est de même d'une soixantaine[5] de Mauves américaines et afri-

---

1. Roses, blanches ou pourprées.

2. Cav., *Diss.*, II, V, icon. — Reichb., *Ic. Fl. germ.*, V, t. 166-172. — Gren. et Godr., *Fl. de Fr.*, I, 238. — Wight, *Icon.*, t. 950. — Jacq., *Hort. schœnbr.*, t. 139; *Ic. rar.*, t. 139; *Hort. vindob.*, t. 35, 141, 156. — Torr. et Gray, *Fl. N.-Amer.*, I, 225. — H. B. K., *Nov. gen. et spec.*, V, 274. — A. S. H., *Fl. Bras. mer.*, I, 213. — A. Gray, *Man.*, ed. 5, 66. — Griseb., *Fl. brit. W.-Ind.*, 72 (*Malvastrum*). — Th. et Pl., in *Ann. sc. nat.*, sér. 4, XVII, 153. — Harv. et Sond., *Fl. cap.*, I, 159. — Benth., *Fl. austral.*, I, 186. — Mast., in *Oliv. Fl. trop. Afr.*, I, 177. — *Bot. Reg.*, t. 1306.

— *Bot. Mag.*, t. 1998, 2179, 2298, 3698, 4681. — Walp., *Rep.*, I, 292; *Ann.*, I, 99; II, 139; IV, 297 (part.); VII, 386.

3. Nutt., in *Journ. Acad. Philad.*, II, 181. — A. Gray, *Gen. ill.*, t. 117, 118. — B. H., *Gen.*, 201, n. 7. — *Nuttallia* Bart., *Fl. N.-Amer.*, II, 74, t. 62 (nec DC., nec Torr., nec Dicks.).

4. Hook., *Exot. Fl.*, t. 171, 172; in *Bot. Mag.*, t. 3287 (*Nuttallia*). — *Bot. Reg.*, t. 1938 (*Nuttallia*). — Walp., *Ann.*, II, 149; IV, 298 (*Malva*); VII, 388.

5. Jacq., *Hort. vindob.*, t. 156; *Ic. rar.*, t. 139. — DC., *Prodr.*, I, 430. — Hook., *Ic.*, t. 385 (*Sida*); in *Bot. Mag.*, t. 3698. — Harv.

caines dont on a fait le genre *Malvastrum*[1]. Dans quelques-unes, types
d'une section *Phyllanthophora*[2], il n'y a pas de calicule; et les carpelles
s'ouvrent, ou bien sont pourvus de deux aiguillons dorsaux. Mais dans

Althœa officinalis.

Fig. 141. Rameau florifère ($\frac{2}{4}$).

les autres *Malvastrum*, ces caractères disparaissent, et il ne reste plus,
pour les distinguer des Mauves auxquelles on[3] les a adjoints comme sec-

et Sond., *Fl. cap.*, I, 159. — C. Gay, *Fl. chil.*,
I, 295, t. 7. — Walp., *Rep.*, I, 292; II, 788;
V, 88; *Ann.*, I, 99; II, 151.

1. DC., *Prodr.*, I, 430. — A. Gray, *Pl.
Fendler.*, 21 (1848); *Gen., ill.*, t. 121, 122.
— B. H., *Gen.*, 202, 982, n. 10 (incl. *Mal-*

vella Jaub. et Spach, *Ill. pl. or.*, V (1853), 47,
t. 444. — Voy. p. 140, note 4).

2. A. Gray, *Amer. expl. Exp., Bot.*, I, 151.
— *Malvastrum* Wedd., *Chlor. andin.*, II, 277,
t. 80 (nec A. Gray).

3. Wedd., *loc. cit.*

tion, que la forme des branches stylaires, tronquées ou capitées à leur sommet. Il nous est impossible de considérer ce seul caractère comme suffisant à distinguer un genre; et c'est pourquoi nous admettons quatre sections dans le genre *Malva* [1], tel qu'il vient d'être délimité.

Tout à côté des Mauves se rangent, dans une sous-série des Eumalvées, trois genres qui n'en diffèrent que fort peu.
Ce sont d'abord les Guimauves (fig. 141), qui en ont la fleur et tous les caractères de végé-
tation, mais dont l'involucre est formé de six à neuf folioles, unies inférieurement en une enveloppe gamophylle; puis les *Sidalcea* et les *Napæa*, qui sont dépourvus d'involucre: les premiers, remarquables par leur androcée à double colonne, l'extérieure étant pentadelphe, tandis que les étamines intérieures forment un faisceau distinct dont les pièces sont en nombre indéfini; les derniers, caractérisés par leurs fleurs dioïques.

Les *Sida*, avec les caractères généraux des Mauves, forment la tête d'une sous-série dis-
tincte, celle des Sidées, parce que leur ovule est descendant, avec le micropyle intérieur, au lieu d'être ascendant, avec le micropyle extérieur. Ce caractère n'a d'ailleurs, ici, comme ailleurs, qu'une valeur tout à fait arti-
ficielle [2]. A cette sous-série appartiennent les genres très-voisins, *Bastardia*, *Anoda*, *Cris-
taria*, et les genres un peu exceptionnels

Plagianthus divaricatus.

Fig. 142. Rameau florifère.

Hoheria et *Plagianthus* : le premier (fig. 143), remarquable par ses car-
pelles surmontés d'une aile dorsale et verticale; le dernier (fig. 142), par ses fleurs souvent réduites, qui peuvent ne plus avoir qu'un carpelle au gynécée, et, dans chaque carpelle, qu'un seul ovule, et dont les fleurs sont parfois polygames, mais qui, par ses espèces les plus parfaites, à gynécée pluricarpellé, est cependant tout à fait inséparable des *Sida*.

---

1. MALVA
sect. 4.
{
1. *Eumalva.*
2. *Callirhoe* (NUTT).
3. *Malvastrum* (DC.).
4. *Phyllanthophora* (A. GRAY).
}

2. Comme le démontre l'exemple des *Mal-
vella* (voy. p. 86, note 1), dont l'ovule est tantôt ascendant, et tantôt descendant. [Voy. aussi, à ce sujet, la *Thèse* de PAYER (15, not.), où la valeur de la direction de l'ovule est également contestée.]

Les *Abutilon* (fig. 144) ont donné leur nom à une troisième sous-série dans laquelle, toute l'organisation étant d'ailleurs celle des Mauves, chaque carpelle renferme plus d'un ovule, souvent deux, ascendants, avec le micropyle inférieur et extérieur, parfois un plus grand nombre ; les uns ascendants, les autres horizontaux ou descendants. On range à côté d'eux, dans ce petit groupe, les cinq genres très-voisins : *Wissadula*, *Sphœralcea*, *Modiola*, *Howittia* et *Kydia*, qui n'en diffèrent que par le nombre ou l'absence des bractéoles du calicule, ou par la présence, dans les carpelles, d'une fausse-cloison transversale, plus ou moins complète.

Hoheria populnea.

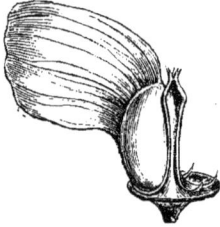

Fig. 143. Portion du fruit[1] ($\frac{4}{1}$).

Abutilon striatum.

Fig. 144. Fleur.

IX. SÉRIE DES MALOPES.

Les Malopes[2] (fig. 145-148) ont des fleurs régulières, hermaphrodites, à réceptacle convexe, très-analogues extérieurement à celles des Mauves. Leur calice est gamosépale, à cinq divisions, valvaires-rédupliquées dans le bouton. La corolle est formée de cinq pétales tordus, unis à leur base avec celle du tube de l'androcée, lequel est d'une seule pièce, dilaté à sa base, traversé dans sa longueur par les styles, divisé supérieurement en un nombre infini de filets surmontés d'une anthère uniloculaire, extrorse, déhiscente par une fente longitudinale. Le gynécée est composé d'un grand nombre de carpelles dont les ovaires indépendants sont disposés en séries verticales[3] sur le cône réceptaculaire, et surmontés de styles gynobasiques qui s'unissent en une colonne creuse, supérieurement partagée en un grand nombre de branches réflé-

1. Fig. de Raoul, *Ch. de pl. N.-Zél.*, t. 26, 2. *Malope* L., n. 841. — J., *Gen.*, 272. — Lamk, *Dict.*, III, 689 ; Suppl., III, 582 ; *Ill.*, t. 583. — DC., *Prodr.*, I, 429. — Spach, *Suit. à Buffon*, III, 344. — Endl., *Gen.*, n. 5267. — Payer, *Organog.*, 40, t. 8. — B. H., *Gen.*,

200, n. 1. — H. Bn, in *Payer Fam. nat.*, 283.

3. Plus ou moins distinctes, suivant l'âge, et disposées, d'après Payer, sur cinq angles saillants du réceptacle, superposés aux sépales. (Voy. A. Dickson, in *Adansonia*, IV, 207.)

chies, filiformes, stigmatifères le long de leur bord interne. Chaque ovaire
renferme un ovule ascendant, à micropyle dirigé en bas et en dehors.
Le fruit (fig. 148), qu'accompagnent à sa base le calicule et le calice
persistants, est formé d'un grand nombre d'achaines, groupés sur le

Malope trifida.

Fig. 145. Rameau florifère ($\frac{1}{2}$).

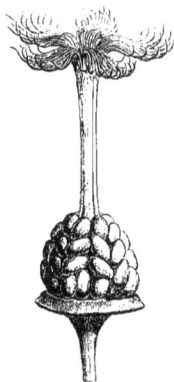

Fig. 147. Gynécée ($\frac{4}{1}$).

Fig. 146. Fleur jeune, étalée ($\frac{4}{1}$).

Fig. 148. Fruit ($\frac{4}{1}$).

réceptacle, dont ils se séparent à leur maturité, et renfermant chacun
une graine ascendante, à embryon analogue à celui des Mauves. Les
Malopes sont des herbes annuelles, de la région méditerranéenne,
glabres ou chargées de poils, avec des feuilles alternes, entières ou tri-
fides, dont le pétiole est pourvu à sa base de deux stipules latérales. Les

fleurs sont axillaires et portées par un pédoncule qui donne insertion, tout contre le calice, à trois bractées libres, cordées, formant involucelle ou calicule [1]. On en connaît trois espèces [2].

Kitaibelia vitifolia.

Fig. 149. Fruit ($\frac{10}{1}$).

Avec les Malopes, cette section renferme deux genres très-analogues, dont les styles sont stigmatifères à leur sommet. Ce sont : les *Kitaibelia* (fig. 149), dont on ne connaît jusqu'ici qu'une espèce européenne, qui ont un calicule de plus de cinq bractées, unies inférieurement, et dont les carpelles sont primitivement disposés comme ceux des Malopes, mais avortent en partie après la floraison ; si bien qu'un petit nombre d'entre eux renferment une graine fertile et s'ouvrent longitudinalement, sur leur bord dorsal, pour la laisser échapper ; et les *Palava*, plantes de l'Amérique du Sud, qui ont des fleurs totalement dépourvues d'involucre, des divisions stylaires épaissies supérieurement, des carpelles indéhiscents à la maturité et se détachant du réceptacle, des fleurs axillaires, solitaires et pédonculées.

X. SÉRIE DES URENA.

Les *Urena* [3] (fig. 150) ont les fleurs construites à peu près comme celles des Mauves ; elles en ont la corolle et l'androcée, la graine et l'embryon. Leur calice est gamosépale, valvaire. Le tube de l'androcée est, à son sommet, tronqué ou quinquédenté [4]. Le gynécée se compose de cinq carpelles, superposés aux pétales [5]. Les ovaires, libres entre eux, s'attachent seulement par leur bord interne sur la columelle. Chacun d'eux renferme un ovule, inséré vers la base de son angle interne, et ascendant, avec le micropyle extérieur [6]. Mais ces cinq carpelles sont surmontés d'un style à dix branches, dont cinq superposées aux ovaires,

1. Il est, d'après PAYER (*loc. cit.*, 29), « à trois divisions, dont l'une est postérieure et représente la bractée, et dont les deux autres sont antérieures et représentent ses deux stipules. »
2. CAV., *Diss.*, II, t. 27, fig. 1, 2. — REICHB., *Ic. Fl. germ.*, V, t. 165. — BOISS., *Diagn.*, II, 100. — GREN. et GODR., *Fl. de Fr.*, I, 287. — WALP., *Rep.*, I, 290 ; V, 88 ; *Ann.*, VII, 382.
3. L., *Gen.*, n. 844. — ADANS., *Fam. des pl.*, II, 400. — J., *Gen.*, 272. — GÆRTN.,

Fruct., I, 252, t. 135. — POIR., *Dict.*, VIII, 252 ; Suppl., V, 404. — LAMK, *Ill.*, t. 583. — DC., *Prodr.*, I, 441. — ENDL., *Gen.*, n. 5274. — PAYER, *Organog.*, 39, t. 7. — B. H., *Gen.*, 205, n. 25. — H. BN, in *Payer Fam. nat.*, 282.
4. Les dents sont oppositipétales.
5. A. DICKSON, in *Adansonia*, IV, 208, t. 6, fig. 7.
6. Il a un double tégument.

et cinq alternes[1]. A la maturité, les carpelles, monospermes, indéhiscents, glochidiés, se séparent de la columelle. On connaît quatre ou cinq *Urena*[2], croissant dans l'Asie et l'Afrique tropicales. Ce sont des herbes ou des arbustes, à feuilles alternes, stipulées, ordinairement anguleuses ou lobées. Leurs fleurs sont sessiles ou pédonculées, axillaires ou disposées en grappes ou en épis terminaux. Elles sont enveloppées d'un involucre quinquéfide, dont les divisions alternent avec celles du calice. Cette série peut se diviser en trois sous-séries : les Euurénées (*Urena*), où les loges de l'ovaire sont oppositipétales ; les Pavoniées (*Pavonia* [fig. 151], *Malachra*, *Gœthea*), où elles sont généralement alternes, et les Malvaviscées (*Malvaviscus*), dont le fruit est en partie charnu, à loges oppositipétales.

Urena lobata.

Fig. 150. Diagramme.

Pavonia hastata.

Fig. 151. Fruit.

XI. SÉRIE DES KETMIES.

Les Ketmies[3] (fig. 152-161) ont des fleurs analogues à celles des Mauves. Leur calice est gamosépale, à cinq divisions valvaires ; et la corolle, gamopétale à la base, unie avec celle de l'androcée, est tordue dans la préfloraison. Les étamines forment un tube à sommet tronqué ou quinquédenté, d'où se détachent un nombre indéfini de sommets grêles, surmontés d'une anthère uniloculaire, à déhiscence longitudinale[4].

1. Ce qui tient, ainsi que l'a démontré PAYER, à ce que, des dix carpelles qui préexistaient, cinq seulement ont développé leur ovaire, les cinq autres demeurant réduits à leur portion stylaire. On avait cru autrefois qu'à chaque ovaire répondait une paire de styles.

2. CAV., *Diss.*, VI, t. 183-185. — COLL., *Hort. ripul.*, t. 26. — SCHRANK, *Hort. monac.*, t. 79. — H. B. K., *Nov. gen. et spec.*, V, 277. — A. S. H., *Pl. us. Bras.*, t. 56 ; *Fl. Bras. mer.*, I, 219. — WALL., *Pl. as. rar.*, t. 26. — GRISEB., *Fl. brit. W.-Ind.*, 81. — TR. et PL., in *Ann. sc. nat.*, sér. 4, XVII, 158. — SEEM., *Fl. vit.*, 16. — MAST., in *Oliv. Fl. trop. Afr.*, I, 189. — *Bot. Mag.*, t. 3043. — WALP., *Rep.*, I, 297 ; V, 89 ; *Ann.*, II, 140 ; IV, 302 ; VII, 399.

3. L., *Gen.*, n. 846. — J., *Gen.*, 271. —

GÆRTN., *Fruct.*, II, 250, t. 134. — LAMK, *Dict.*, III, 347 ; Suppl., III, 216 ; *Ill.*, t. 584. — DC., *Prodr.*, I, 446. — SPACH, *Suit. à Buffon*, III, 371. — ENDL., *Gen.*, n. 5277. — DUCHTRE, in *Ann. sc. nat.*, sér. 3, IV, 149, t. 7. — PAYER, *Organog.*, 37, t. 6. — A. GRAY, *Gen. ill.*, t. 133. — H. BN, in *Payer Fam. nat.*, 279. — B. H., *Gen.*, 207, 982, n. 34 (incl. : *Abelmoschus* MEDIK., *Lagunaria* G. DON, *Lagunæa* CAV., *Paritium* A. S. H., *Senra* CAV., *Trionæa* MEDIK.). — *Ketmia* T., *Inst.*, 99, t. 26. — ADANS., *Fam. des pl.*, II, 399.

4. Le pollen est formé de grains sphériques, épineux. « Épines longues , en petit nombre ; pores grands, en petit nombre. *H. Trionum*, *H. syriacus*. » (H. MOHL, in *Ann. sc. nat.*, sér. 2, III, 334.) L'anthère présente ordinairement à sa base un rudiment de cloison.

Le gynécée se compose d'un ovaire à cinq loges alternipétales. Dans l'angle interne de chaque loge, se voit un placenta qui supporte, ou un nombre indéfini d'ovules, disposés sur deux séries verticales, ou seulement trois ou quatre ovules. Le fruit (fig. 159), autour duquel persistent le calice et le calicule, est loculicide, et laisse échapper à la maturité des graines (fig. 160, 161) réniformes, souvent chargées de poils plus ou moins abondants, et qui, sous leurs téguments, renferment un embryon épais, à larges cotylédons plus ou moins repliés sur eux-mêmes. Entre leurs replis se voit souvent un albumen muqueux, ordinairement peu considérable. Les Ketmies sont

Hibiscus roseus.

Fig. 152. Fleur.   Fig. 153. Diagramme.

Hibiscus syriacus.

Fig. 157. Fleur, sans le périanthe (⅔).   Fig. 154. Rameau florifère (½).   Fig. 158. Gynécée (¼).

des plantes arborescentes, frutescentes ou herbacées, glabres, tomenteuses ou hispides, à feuilles alternes, stipulées, simples, entières ou plus ou moins profondément découpées ou parties. Leurs fleurs sont axillaires, terminales ou latérales, accompagnées de trois à cinq, ou plus souvent d'un nombre indéfini de bractées, libres ou unies dans une étendue variable, et formant autour de la fleur un calicule persistant ou caduc. Les

Hibiscus syriacus.

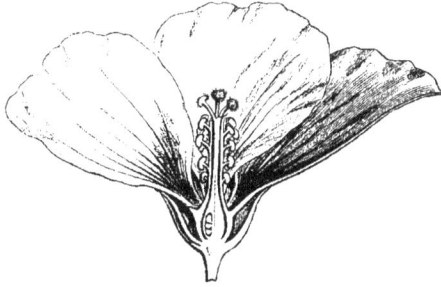

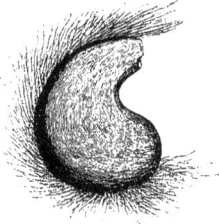

Fig. 155. Bouton.   Fig. 156. Fleur, coupe longitudinale.

Ketmies proprement dites [1] ont les bractées de l'involucre entières, le calice quinquéfide, non renflé, et les graines glabres. Dans les *Furcaria* [2], les bractées de l'involucre se dilatent au sommet en une lamelle

Hibiscus syriacus.

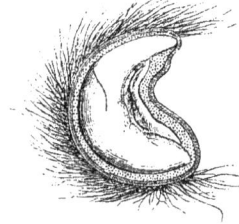

Fig. 160. Graine ($\frac{1}{1}$).   Fig. 159. Fruit.   Fig. 161. Graine, coupe longitudinale.

foliacée, ou bien elles se bifurquent plus ou moins profondément ; et la plupart de leurs organes sont hérissés de poils rigides. Les *Trionum* [3] sont des espèces herbacées, à calice renflé, vésiculeux. Les *Abelmoschus* [4],

1. *Ketmia* ENDL. [incl. : *Cremontia* COMMERS. (ex DC.), *Ketmia* DC., *Sabdariffa* DC.].
2. DC., *Prodr.*, 449, sect. V.
3. MEDIK., *Malvac.*, 46. — DC., *Prodr.*, sect. VIII. — *Trionæa* B. H., *Gen.*, 208.

4. MEDIK., *Malvac.*, 45. — ENDL., *Gen.*, 982. — *Bamia* R. BR., mss. (ex ENDL.). — *Hymenocalyx* ZENK., *Pl. ind.*, t. 10 [incl. sect. (III) *Manihot* DC., *Prodr.*, 448 et sect. (V) *Abelmoschus* DC. (part.), *Prodr.*, 449].

souvent distingués comme formant un genre particulier, ont un calice
longuement gamosépale, ordinairement déchiré irrégulièrement par
la base, et un fruit allongé, à côtes verticales saillantes. Les *Bombycella*[1] comprennent les *Hibiscus* dont les fleurs sont petites, dont la

Gossypium herbaceum.

Fig. 163. Fleur (½).

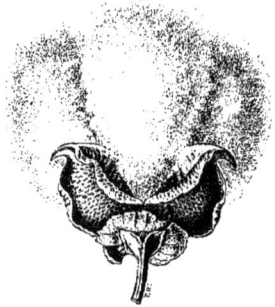

Fig. 164. Fruit déhiscent.

Fig. 165. Graine.

Fig. 162. Bouton.

Fig. 166. Graine, coupe longitudinale.

graine est couverte d'un duvet cotonneux, et dont le calicule est parfois
minime, ou même nul. Il en est de même dans les *Lagunea*[2], qui sont
d'ailleurs des *Hibiscus* à graines glabres ou chargées de poils très-courts,
et des *Lagunaria*[3], qui ont l'endocarpe mince, séparable de l'exocarpe,
et la plupart des organes chargés d'un fin duvet écailleux. Enfin, les

---

1. DC., *Prodr.*, 458 (sect. VII). — *Bombyx*
MEDIK., *Malvac.*, 44.— *Bombycodendron* ZOLL.
(ex HASSK., *Pl. jav. rar.*, 301).
2. CAV., *Diss.*, 173, t. 71, fig. 1 (nec *alior.*).
— *Triguera* CAV., *Diss.*, 41 (nec 107).

3. G. DON, *Gen. Syst.*, I, 485. — ENDL.,
Gen., n. 5282. — B. H., *Gen.*, 35, n. 208.—
Lagunea VENT., *Malmais.*, t. 42. — TURP., in
Dict. sc. nat., Atl., t. 138. — SIMS, in *Bot.
Mag.*, t. 769.

Paritium [1], ordinairement séparés comme genre, sont des Ketmies à larges feuilles cordées, à bractéoles caliculaires unies entre elles à la base, et à endocarpe membraneux, envoyant dans le milieu de chaque loge une fausse-cloison plus ou moins saillante, qui la partage en deux demi-loges plus ou moins complètes. En y joignant le *Senra incana* [2], sous-arbrisseau asiatique et africain, qui a autour de ses fleurs trois larges bractées cordiformes, et des loges ovariennes à deux ou trois ovules, le genre *Hibiscus*, ainsi limité [3], comprend plus de cent cinquante espèces [4], qui se trouvent dans toutes les régions chaudes, tropicales et extratropicales, du globe.

A côté des Ketmies, se placent les Cotonniers (fig. 162-166), genre très-voisin, dont les fleurs sont entourées d'un large involucre de trois bractées cordiformes (fig. 162), et ont un calice gamosépale, tronqué ou peu profondément partagé par cinq fentes, un style à sommet claviforme, parcouru par trois ou cinq sillons longitudinaux, et un fruit à trois ou cinq loges, avec un nombre indéfini de graines, à enveloppe extérieure chargée de longs poils filamenteux, constituant le coton. Les *Thespesia* et les *Fugosia* sont aussi extrêmement voisins du genre Cotonnier. On peut en dire autant des *Kosteletzkya* qui, avec ou sans calicule, ont cinq loges à l'ovaire et des styles conformés comme ceux des *Hibiscus*, mais avec un ovule seulement dans chacune d'elles; et des *Decaschistia*, dont les loges uniovulées sont au nombre de dix, et dont le calicule est formé de dix bractées. Dans les *Julostyles* et *Dicellostyles*, genres qui rappellent par leur port les Bombacées et les Hélictérées, il n'y a plus à l'ovaire que deux loges biovulées, et tous les deux ont calicule d'au moins quatre

1. GÆRTN., *Fruct.*, t. 51. — A. JUSS., in *A. S. H. Fl. Bras. mer.*, I, 198.— ENDL., *Gen.*, n. 5283. — *Parita* SCOP., *Introd.*, n. 1276. — *Pariti* RHEED., *Hort. malab.*, I, t. 30. —*Azanza* MOÇ. et SESS. (ex DC., *Prodr.*, I, 453, sect. X).

2. CAV., *Diss.*, II, 83, t. 35, fig. 3. — DC., *Prodr.*, I, 457. — B. H., *Gen.*, 207, n. 33.— *Senræa* W., *Spec.*, III, 695. — *Serræa* ENDL., *Gen.*, n. 5280. — *Dumreichera* STEUD. et HOCHST., in *Flora* (1838), I, *Intellb.*, 26.

3.

	1. *Furcaria* (DC.).
	2. *Bombycella* (DC.).
	3. *Ketmia* (ENDL.).
HIBISCUS	4. *Abelmoschus* (MEDIK.).
	5. *Trionum* (MEDIK.).
sect. 9.	6. *Laguna* (CAV.).
	7. *Lagunaria* (DON).
	8. *Paritium* (A. JUSS.).
	9. *Senra* (CAV.).

4. CAV., *Diss.*, t. 50-55, 58-70. — H. B. K.,

Nov. gen. et spec., V, 288, t. 478. — A. S. H., *Fl. Bras. mer.*, I, 242, t. 48 ; 255 (*Paritium*). — WALL., *Pl. as. rar.*, I, t. 44 (*Abelmoschus*). — WIGHT, *Icon.*, t. 7 (*Paritium*), 6, 41, 154, 197, 399, 954 (*Abelmoschus*), 1592 (*Senra*). — REICHB., *Ic. Fl. germ.*, V, t. 181, 182. — DCNE, in *Ann. sc. nat.*, sér. 2, IV, t. 4 (*Senra*). — SIEB. et ZUCC., *Fl. jap.*, t. 93 (*Paritium*), — HASSK., *Pl. jav. rar.*, 304 (*Bombycodendron*). — HARV. et SOND., *Fl. cap.*, I, 170. — HARV., *Thes. cap.*, t. 73. — BENTH., *Fl. austral.*, I, 207. — GRISEB., *Fl. brit. W.-Ind.*, 84. — A. GRAY, *Man.*, ed. 5, 68. — THW., *Enum. pl. Zeyl.*, 26. — TR. et PL., in *Ann. sc. nat.*, sér. 4, XVII, 165, 169 (*Paritium*). — SEEM., *Fl. vit.*, 16. — MAST., in *Oliv. Fl. trop. Afr.*, I, 194. — H. BN, in *Adansonia*, X, 174.— *Bot. Mag.*, t. 5245 (*Paritium*). — WALP., *Rep.*, I, 302, 307 (*Senra*), 308 (*Abelmoschus*); II, 790; III, 830; IV, 318 (*Senra*); V, 91, 92; *Ann.*, I, 100, 101, 959; II, 142; IV, 304; VII, 402.

bractées connées à la base. Mais les premiers ont un androcée diplosté-
moné ; et les derniers, un nombre indéfini d'étamines. Ces deux genres,
originaires de l'Asie tropicale, peuvent être, à cause de ces traits parti-
culiers, réunis en une petite sous-série des Julostylées.

XII. SÉRIE DES FROMAGERS.

Les Fromagers [1] (fig. 167) ont les fleurs régulières et hermaphrodites,
avec un réceptacle dont le sommet est légèrement concave. Il en résulte
que l'insertion du périanthe y est quelque peu périgyne. Le calice est gamo-

Bombax Ceiba.

Fig. 167. Fleur ($\frac{2}{3}$).

sépale, à bords coupés droit, ou plus souvent partagé en lobes obtus,
inégaux, au nombre de trois à cinq. La corolle est malvacée, à cinq
divisions très-profondes, tordues dans la préfloraison ; inférieurement,
elle est d'une seule pièce et se trouve unie à ce niveau avec la base
de l'androcée. Celui-ci est formé d'un nombre indéfini d'étamines,
dont les filets sont libres dans la plus grande portion de leur étendue,
mais plus ou moins nettement unis vers la base en cinq faisceaux. Les
anthères sont uniloculaires, plus ou moins arquées, à déhiscence laté-

1. *Bombax* L., *Gen.*, n. 835. — J., *Gen.*,
275. — Lamk, *Dict.*, II, 550 ; Suppl., II, 675
(part.). — DC., *Prodr.*, I, 478. — Endl.,
Gen., n. 5300. — H. Bn, in *Payer Fam. nat.*,
286. — B. H., *Gen.*, 210, n. 42. — *Eriotheca*
Schott, *Melet.*, 35. — Endl., *Gen.*, n. 5301.
— *Salmalia* Schott, *loc. cit.* — Endl., *Gen.*,
n. 5303. — *Ceiba* Mart. et Zucc., *Nov. gen.
et spec.*, I, 95, not. — *Gossampinus* Hamilt.,
in *Trans. Linn. Soc.*, XV, 128 (ex Endl.).

rale [1]. Le gynécée est formé d'un ovaire dont la base est légèrement infère, et qui est surmonté d'un style à sommet stigmatifère partagé en cinq lobes ou branches très-courtes. Elles répondent aux loges ovariennes, qui sont superposées aux pétales et qui contiennent, dans leur

Eriodendron anfractuosum.

Fig. 168. Fruit déhiscent ($\frac{2}{3}$).

angle interne, un placenta chargé d'ovules anatropes, disposés sur plusieurs séries. Le fruit est une capsule, ordinairement ligneuse, loculicide, et qui se partage en cinq valves pour laisser échapper de nombreuses graines plongées dans une laine épaisse [2], et renfermant sous leurs téguments un embryon épais, charnu, à peu près complétement dépourvu

1. Le pollen est formé de grains ovoïdes à trois plis. Dans l'eau, ils deviennent sphériques avec trois bandes. Leur membrane externe est transparente, ponctuée dans le *B. pubescens*. Elle porte des pores peu nombreux, entourés d'un halo (H. Mohl, in *Ann. sc. nat.*, sér. 2, III, 336).

2. « Lana endocarpii involuta. »

d'albumen [1], et dont les cotylédons sont repliés et enroulés un grand nombre de fois autour de la radicule courte et droite. Les Fromagers sont de beaux arbres des régions tropicales. Des dix espèces connues [2], huit sont américaines ; les deux autres appartiennent, l'une à l'Asie, et l'autre à l'Afrique. Leurs feuilles sont alternes, composées-digitées, avec un nombre de folioles qui varie de trois à neuf ; leurs fleurs sont solitaires ou réunies en cymes pauciflores, axillaires ou subterminales.

A côté des Fromagers se placent quelques genres très-analogues. Les *Eriodendron* (fig. 168) ont les mêmes feuilles, le même périanthe et le

Adansonia digitata.

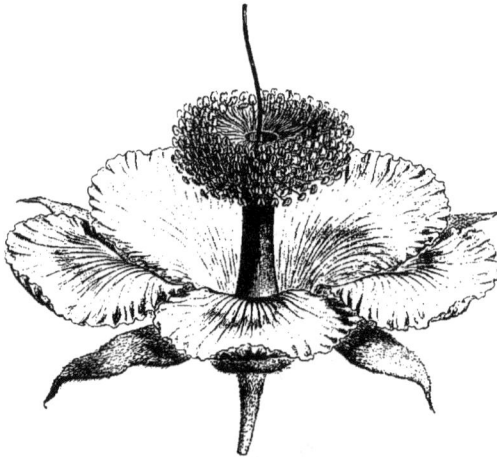

Fig. 169. Fleur (½).

même fruit ; mais leur réceptacle floral est bien plus concave, et leurs étamines sont, ou en même nombre que les pétales, avec lesquels elles alternent, ou réunies en cinq faisceaux de deux ou trois pièces seulement. On en connaît sept ou huit espèces, qui habitent également l'Asie, l'Afrique et l'Amérique tropicales. Les *Chorisia* ont aussi le périanthe et le fruit des *Bombax*, avec un androcée à cinq faisceaux. Mais ces faisceaux ne se séparent les uns des autres qu'à une grande hauteur, et

1. Ou bien celui-ci est, comme dans les Cacaoyers, réduit à quelques replis muqueux.
2. Cav., *Diss.*, t. 154. — Jacq, *Amer.*, t. 176. — H. B. K., *Nov. gen. et spec.*, V, 297. — A. S. H., *Fl. Bras. mer.*, I, 262. — Mart., *Nov. gen. et spec.*, t. 57-59, 99. — Wight, *Ill.*, t. 29. — Pal. Beauv., *Fl. ow. et ben.*, II, t. 83. — Roxb., *Pl. coromand.*, III, t. 247. — Wall., *Pl. as. rar.*, I, t. 79, 80. — Tr. et Pl., in *Ann. sc. nat.*, sér. 4, XVII, 322. — Walp., *Rep.*, I, 329 ; II, 794 (*Eriotheca*) ; *Ann.*, VII, 415.

plus bas ils forment par leur réunion un long tube autour de l'ovaire, à peu près complétement supère. Ce tube est garni en dehors, dans sa portion inférieure, de cinq saillies qu'on a considérées comme des étamines sans anthères ; et chacune des branches de son sommet porte deux anthères, analogues à celles des *Eriodendron* et des *Bombax*. Les trois *Chorisia* connus sont de beaux arbres de l'Amérique tropicale, avec le feuillage des genres précédents.

Dans les *Pachira*, on observe aussi le même port et le même feuillage, et de grandes et belles fleurs, à calice entier, tronqué, et à longue corolle épaisse, coriace. Mais les cinq faisceaux d'étamines, souvent peu distincts à la base, sont formés chacun d'un grand nombre de pièces, avec des filets grêles et des anthères uniloculaires, rectilignes ou simplement arquées. De plus, leur fruit capsulaire n'a pas les graines entourées de cette couche épaisse de coton au milieu de laquelle elles étaient plongées dans les genres précédents. Tous les *Pachira*, sont américains ; on en compte de douze à quinze espèces.

Les Baobabs ou *Adansonia* (fig. 169, 170) sont fort analogues aux

Adansonia digitata.

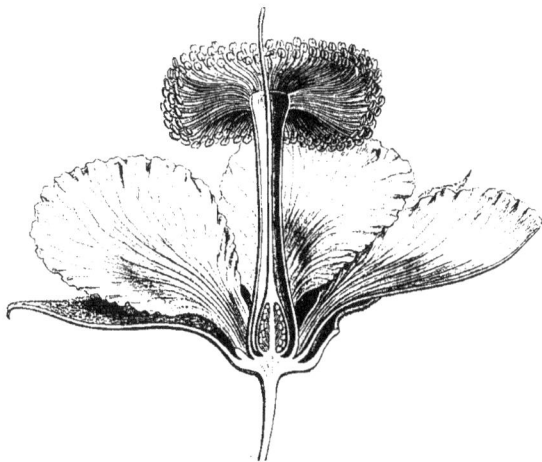

Fig. 170. Fleur, coupe longitudinale.

genres précédents, dont ils ont à peu près la fleur, avec une large corolle malvacée. Mais leur calice est quinquéfide, et leurs fruits sont secs, ligneux, indéhiscents. Leurs graines, nombreuses, sont enveloppées d'une pulpe abondante, acidulée, qui finit par se dessécher et devient comme farineuse. Les deux espèces connues de ce genre, l'une australienne, et l'autre abondamment répandue dans les régions chaudes de l'Asie et de l'Afrique, sont des arbres dont le tronc atteint des proportions gigan-tesques en diamètre, et dont les feuilles digitées ont de trois à neuf

Quararibea (Eumyrodia) turbinata.

Fig. 171. Fleur.   Fig. 172. Fleur, coupe longitudinale.

folioles entières. Leurs fleurs sont axillaires, solitaires, et pendent au sommet de leur pédoncule, qui porte deux bractéoles latérales. Tous les genres précédents, analogues surtout à ce dernier par leurs feuilles digitées, forment une sous-tribu des Adansoniées.

Durio zibethinus.

Fig. 173. Fleur.

Les *Quararibea* (fig. 171, 172) sont le type d'une sous-série dans laquelle les feuilles sont simples, palminerves ou au moins trinerves à la base. Leurs étamines ont les filets réunis en un long tube, traversé par le style. Ce tube demeure entier dans toute son étendue, ou bien il est fendu plus ou moins profondément en cinq lanières dans sa portion supérieure qui supporte les anthères. Celles-ci sont uniloculaires et écartées les unes des autres ; ou bien elles se rapprochent de façon à représenter les deux loges d'une seule anthère (*Myrodia*), et elles peuvent même confluer au sommet par la portion supérieure de leurs fentes. L'organisation générale de la fleur, et notamment de l'androcée, est la même dans le genre très-voisin *Ochroma* ; tandis que dans les genres *Cavanillesia*, *Hampea* et *Scleronema*, les filets anthérifères sont libres, ou pentadelphes, ou polyadelphes. Toutes ces plantes sont américaines.

Dans l'Asie et l'Océanie tropicales, la série est au contraire représentée par une sous-série à caractères exceptionnels, qui a pour type le genre *Durio* (fig. 173). Les plantes qui la constituent ont des feuilles simples, entières ; mais penninerves, épaisses et chargées. comme les inflorescences et la plupart des organes, de poils écailleux, parfois très-abondants. Les fleurs sont enveloppées d'un involucre gamophylle, qui figure un calice valvaire, et qui, à l'époque de l'anthèse, se déchire irrégulièrement. Dans les *Durio*, il se détache en outre du pédicelle par sa base. Le calice est aussi un sac valvaire. En dedans de lui, se voient cinq pétales et des étamines très-nombreuses, monadelphes à la base, puis partagées en cinq faisceaux. Leurs anthères sont adnées au connectif et anfractueuses. Le fruit est ligneux, muriqué, indéhiscent, et à graines entourées d'une pulpe charnue, avec un embryon à cotylédons épais, souvent conferruminés.

Boschia excelsa.

Fig. 174. Fleur (½).   Fig. 175. Étamines (½).

Les *Cullenia*, voisins des *Durio*, ont un long calice cylindrique et sont dépourvus de corolle. Les *Neesia* ont à peu près le périanthe des *Durio* ; mais leurs étamines sont libres, ou réunies à la base en quatre ou cinq faisceaux ; et le sommet de chaque filet est surmonté d'une ou deux anthères globuleuses, déhiscentes par une sorte de pore central et insérées sur une légère dilatation de ce sommet. Les *Boschia* (fig. 174. 175) ont des anthères analogues, isolées ou rapprochées par deux, trois ou même davantage, au sommet de chaque filet ; de plus, un nombre variable d'étamines extérieures sont représentées par des languettes pétaloïdes, analogues aux véritables pièces de la corolle qui leur sont extérieures. Enfin, le *Cœlostegia* est une plante tout à fait anormale, en ce sens que ses petites fleurs, construites au fond comme celles des *Neesia* ou des *Boschia*, ont un réceptacle concave, en forme de cône renversé. L'ovaire s'implante au fond de sa cavité; mais le périanthe et l'androcée, insérés sur ses bords, deviennent très-nettement périgynes.

Les plantes de cette famille ont été dès longtemps distinguées comme constituant un groupe naturel, soit à cause de leur aspect ou de leurs propriétés, soit à cause de quelque caractère saillant, comme la forme de la corolle *malvacée*, ou comme l'organisation du fruit *columnifère*. Depuis Zaluzian [1] jusqu'à Linné [2], il est fait, dans les auteurs, une mention particulière de ce groupe. Mais il faut se reporter au *Genera* de A. L. de Jussieu [3] pour voir réunis en un seul et même ordre tous les représentants alors connus des différentes séries que nous venons d'énumérer. Ceux-ci sont au nombre de trente-deux dans l'ouvrage que nous venons de citer. Mais les successeurs de A. L. de Jussieu morcelèrent bientôt son ordre des Malvacées en plusieurs familles secondaires. Ventenat [4] en sépara celle des Sterculiacées, et R. Brown [5] celle des Buettnériacées. En 1824, De Candolle [6], tout en fondant ces deux dernières en une seule, admit en outre comme distincte celle des Bombacées [7]. La multiplication de ces groupes est poussée aussi loin que possible dans les ouvrages d'Endlicher [8], et surtout de Lindley [9]. Mais comme les caractères à l'aide desquels on y distingue les uns des autres les trois types principaux des Malvacées, des Sterculiacées et des Buettnériacées, sont loin d'être constants et absolus [10], nous nous voyons réduit à revenir

1. *Meth. herb.* (1592), cl. 16. Les Mauves. Cette classe est, après lui, distinguée, entre autres, par J. Bauhin, en 1650; par Johnston (1661), par Magnol, Morison, etc.

2. *Fragm. Meth. nat.*, in *Cl. plant.* (1738), ord. 34 (*Columniferi*).

3. 274, ord. XIV (1789).

4. *Malmais.*, II (1790), 91.

5. In *Flind. Voy.* (1814), II, 540; *Misc. Works* (ed. Benn.), 1, 11.

6. *Prodr.*, I, 429, 475, 481.

7. K., *Diss. Malvac.* (1822), 5. Kunth distingue, dans un seul et même groupe général, les Malvacées, les Sterculiacées et les Tiliacées. Après quoi, il divise secondairement les Sterculiacées en séries qui répondent à la plupart de celles que nous avons énumérées.

8. *Gen. plant.*, 978-1012. L'auteur partage sa classe L, celle des *Columniferæ*, en quatre ordres, qui sont ceux des Malvacées (209), des Ster-

culiacées (210), des Buettnériacées (211) et des Tiliacées (212). Les Sterculiacées comprennent, pour lui, les Bombacées et les Hélictérées; et il joint aux Buettnériacées les Lasiopétalées, Dombeyées, Hermanniées, Eriolænées et Philippodendrées.

9. *Veg. Kingd.*, 359. L'auteur admet aussi comme distinctes les familles des Sterculiacées, Buettnériacées et Malvacées, limitant les unes et les autres comme Endlicher.

10. Pour abréger les exemples, nous voyons que Lindley caractérise les Sterculiacées de la sorte : « *Malval Exogens, with columnar stamens all perfect and 2-celled anthers turned outwards* », et que cependant cette famille renferme les *Malisia* et *Quararibea* à anthères uniloculaires, avec raison placés dans ce groupe, parce qu'ils sont inséparables des *Myrodia* à anthères biloculaires; puis les *Helicteres*, dont les anthères sont tantôt celles des *Myrodia* et tantôt

à une famille unique des Malvacées, tout en y distinguant douze séries dont les traits distinctifs sont les suivants.

I. STERCULIÉES. — Fleurs polygames, apétales, à calice souvent coloré. Etamines supportées par une colonne centrale commune, à anthères extrorses. Carpelles indépendants dans la fleur et dans le fruit. Graines avec ou sans albumen. — 5 genres.

II. HÉLICTÉRÉES. — Fleurs généralement hermaphrodites et à corolle polypétale. Etamines insérées vers le sommet ou sur les côtés d'une colonne centrale, au-dessous du gynécée. Anthères extrorses, uni- ou biloculaires, toutes fertiles ou accompagnées de cinq staminodes. Carpelles unis ou libres, soit dans la fleur, soit dans le fruit. — 6 genres.

III. DOMBEYÉES. — Fleurs hermaphrodites, pétalées. Etamines 5, ou disposées en cinq faisceaux, alternant souvent avec cinq staminodes stériles, insérées sous un gynécée sessile, et à anthères biloculaires, introrses. Graines albuminées. Cotylédons 2-fides. — 7 genres.

IV. CHIRANTHODENDRÉES. — Fleurs hermaphrodites, apétales. Calice coloré. Androcée monadelphe, isostémoné; anthères biloculaires, extrorses. Filets insérés sous un gynécée sessile et monadelphes dans leur portion inférieure. Fruit capsulaire. Graines albuminées, arillées. -- 1 genre.

V. HERMANNIÉES. — Feurs hermaphrodites, pétalées. Androcée formé de cinq étamines fertiles, oppositipétales, à anthère biloculaire, et parfois de cinq staminodes alternes. Gynécée sessile ou légèrement stipité, à 1-5 carpelles, unis, ou libres à un âge plus ou moins avancé. — 3 genres.

VI. BUETTNÉRIÉES. — Fleurs hermaphrodites. Pétales ordinairement cucullés à la base, rarement squamiformes, souvent ligulés au sommet. Etamines fertiles, ou solitaires en face de chaque pétale, ou réunies par 2- ∞ ; les faisceaux alternant avec des staminodes alternipétales, rarement absents (et, dans ce dernier cas, plus d'une étamine fertile en dedans de chaque pétale). Anthères biloculaires, extrorses (rarement trilo-

---

celles des *Matisia*; les *Plagianthus* et les *Hoheria*, qui ont les anthères réellement uniloculaires; plus, toutes les Bombacées qui sont dans le même cas. Les Buettnériacées sont définies : « *Malval Exogens, with 1-adelphous stamens, in most case partly sterile, and 2-celled anthers turned inwards.* » Cependant ce groupe renferme plusieurs Lasiopétalées à anthères extrorses, presque toutes les Dombeyées qui sont aussi dans ce cas, ainsi que la plupart des Hermanniées et des Buettnériées, plus le *Philippodendron*, qui est un *Plagianthus*. On peut même dire que les anthères extrorses constituent l'exception dans cette famille telle que LINDLEY la limite. Je ne parle pas des nombreuses plantes dépourvues de staminodes qui s'y trouvent forcément comprises. M. M. BENTHAM et J. HOOKER ont sans doute reconnu l'insuffisance ou l'inexactitude de ces caractères différentiels, car ils n'ont conservé (*Gen.*, 195, 214) que deux ordres, celui des Malvacées et celui des Sterculiacées, selon que les anthères ont une ou deux loges. Mais si une semblable différence est ordinairement facile à saisir dans la pratique, en s'appuyant sur elle, on est exposé à placer dans deux familles différentes des types tels que le *Myrodia* et le *Quavaribea*, les *Kydia* et les Hélictérées, les Bombacées et les Dombeyées, etc.

culaires). Ovaire pluriloculaire. Fruit capsulaire ou charnu.—12 genres.

VII. Lasiopétalées. — Fleurs hermaphrodites, apétales ou pourvues de pétales petits, squamiformes, rarement lancéolés (mais, dans ce cas, plans, non cucullés), ordinairement peu visibles. Calice ordinairement coloré, parfois accrescent. Etamines fertiles, oppositipétales, ordinairement en même nombre qu'eux. Anthères biloculaires, introrses ou extrorses, déhiscentes par des fentes ou des pores. Staminodes alternipétales nuls ou peu développés. Carpelles indépendants ou unis en un ovaire ou en un fruit pluriloculaire. Graines souvent arillées. — 7 genres.

VIII. Malvées. — Fleurs nues ou caliculées, pétalées. Pétales unis à leur base seulement, entre eux et avec la base d'un androcée monadelphe. Tube androcéen chargé supérieurement, en dehors et jusqu'au sommet, d'anthères extrorses, uniloculaires. Carpelles 1-∞ , réunis en un seul verticille, le plus souvent séparés à la maturité de la columelle centrale. Ovules 1-∞ . Albumen nul ou peu abondant. Embryon à cotylédons foliacés, 2-pliqués ou chiffonnés, contortupliqués. — 16 genres.

IX. Malopées. — Fleurs hermaphrodites. Périanthe et androcée des Malvées. Carpelles ∞ , indépendants, disposés sans ordre apparent à l'âge adulte sur le réceptacle commun. Ovaires uniloculaires, à un seul ovule ascendant. Achaines libres. — 3 genres.

X. Urénées. — Fleurs hermaphrodites. Périanthe des Malvées. Colonne de l'androcée supportant, en haut et en dehors, des étamines en nombre indéfini, à anthères uniloculaires, et tronquée ou quinquédentée au sommet. Carpelles 5, se séparant du réceptacle à la maturité. Styles en nombre double des carpelles (5 opposés aux pétales et 5 alternes). Graine et embryon des Malvées. — 5 genres.

XI. Hibiscées. — Fleurs hermaphrodites. Périanthe des Malvées. Colonne androcéenne à sommet tronqué ou 5-denté , très-rarement chargé des anthères qui s'insèrent sur la surface extérieure. Style à branches en même nombre que les loges ovariennes. Fruit pluriloculaire, à carpelles loculicides, n'abandonnant pas le réceptacle à la maturité. Graine et embryon des Malvées, ou à cotylédons épais ou très-contortupliqués. — 8 genres.

XII. Bombacées. — Fleurs hermaphrodites, pétalées. Calice gamosépale, irrégulièrement déhiscent, déchiré, lobé ou tronqué, ou, plus rarement, à cinq fentes profondes, et imbriqué. Etamines souvent monadelphes dans une étendue variable, puis se séparant en 5-10 faisceaux, eux-mêmes ramifiés et supportant chacun une ou 2-∞ anthères, uniloculaires, réniformes, ou anfractueuses, ou globuleuses, poricides ou oblongues-linéaires. Style unique à la base, à sommet entier ou à divisions stigmatifères courtes, égales en nombre aux loges. Fruit sec, déhiscent ou indéhiscent, à carpelles ne se séparant pas généralement du réceptacle. Embryon à cotylédons foliacés ou épais, droits ou chiffonnés, repliés plus ou moins sur eux-mêmes. Plantes ligneuses. — 16 genres.

En 1789, le *Genera* de A. L. DE JUSSIEU[1], résumant les travaux de ses prédécesseurs, énumère, dans les divers groupes ici réunis sous les noms de Malvacées, en y comprenant les Hermanniées, dont il faisait une première section, à étamines définies, de l'ordre des Tiliacées, trente-quatre des genres qui leur appartiennent en réalité. DE CANDOLLE[2] en connaissait une cinquantaine en 1824, savoir : parmi les Malvacées proprement dites (sér. VIII à XI), les *Malva, Althœa, Cristaria, Anoda, Sida;* parmi les Malopées, les *Malope, Kitaibelia* et *Palava;* parmi les Urénées, les *Urena, Malachra, Pavonia, Malvaviscus;* parmi les Hibiscées, les *Hibiscus, Thespesia, Gossypium* et *Fugosia;* parmi les Bombacées, les *Helicteres, Quararibea (Myrodia), Plagianthus, Cavanillesia (Pourretia), Adansonia, Bombax, Eriodendron, Chorisia, Durio, Ochroma* et *Chiranthodendron (Cheirostemon);* parmi les Sterculiées, les *Sterculia* et *Heritiera;* parmi les Buettnériées, les *Theobroma, Abroma, Guazuma, Glossostemon, Commersonia, Buettneria, Ayenia* et (?) *Kleinhovia;* parmi les Lasiopétalées, les *Seringia, Lasiopetalum, Guichenotia, Thomasia, Keraudrenia;* parmi les Hermanniées, les *Melochia, Waltheria* et *Hermannia;* parmi les Dombeyées, les *Ruizia, Pentapetes, Dombeya, Melhania, Trochetia, Pterospermum* et (?) *Kydia;* parmi les Wallichiées (Eriolænées), les *Eriolæna (Wallichia).* Depuis lors, il fut démontré que les anciens genres *Abutilon* de GÆRTNER, *Modiola* de MOENCH et *Wissadula* de MEDIKUS peuvent être à bon droit conservés comme autonomes. Le *Bastardia* de KUNTH fut également maintenu comme distinct. Le genre *Sphæralcea* fut établi par A. SAINT-HILAIRE[3]; les *Neesia* et *Tarrietia*, par BLUME[4]; les *Tetradia* et *Rulingia*, par R. BROWN[5]; le *Gœthea*, par NEES et MARTIUS[6]; les *Cola* et *Ungeria*, par SCHOTT[7]; les *Reevesia* et *Astiria*, par LINDLEY[8]; le *Kosteletzkia*, par PRESL[9]. La flore de l'Inde orientale s'enrichit des genres *Cullenia*[10]

---

1. P. 271-279, 289.
2. *Prodr.*, I, 429, 475, 481.
3. *Pl. us. Bras.* (1826).
4. In *Nov. Act. Nat. cur.*, XVII, et *Bijdr.*, 227 (1825).
5. In *Benn. Pl. jav. rar.* (1844), et in *Bot. Mag.*, t. 2191 (1820).

6. In *Nov. Act. Nat. cur.*, XI (1823).
7. *Melet.* (1832).
8. In *Bot. Reg.* (1836, 1844).
9. In *Rel. Hœnk.*, II (1835).
10. WIGHT, *Icon.*, t. 1761, 1762 (1852). Le type du genre était le *Durio zeylanica* GARDN., d'après le texte (p. 23) de WIGHT lui-même.

et *Decaschistia*, dus à Wight et Arnott[1]. et, plus tard, du genre *Julo-styles*, proposé par M. Thwaites[2]. Korthals[3] avait découvert les *Boschia* dans l'archipel indien. En Australie, A. Cunningham[4] fit connaître l'*Hoheria*, et M. F. Mueller, dans ses travaux spéciaux sur les plantes du même pays, les trois genres *Hannafordia*[5], *Howittia*[6] et *Lysio-sepalum*[7]. Les flores américaines se sont récemment enrichies de l'*Her-rania* de Goudot[8], de l'*Hampea* de Schlechtendal[9], et du *Sidalcea* de M. A. Gray[10]. M. Bentham, dans la préparation, pour son *Genera*, des Malvacées et Sterculiacées, découvrit comme genres non décrits les *Cœlostegia*, *Dicellostyles*, *Cheirolœna*[11] et *Scleronema*[12]. M. M. Masters a démontré[13] les affinités des *Leptonychia* de Turczaninow[14] avec le nouveau genre africain qu'il venait de décrire sous le nom de *Scapho-petalum*[15]. Enfin, nous avons, l'an dernier, exposé les caractères du singulier genre océanien *Mastersia*. C'est ainsi qu'outre les types dou-teux et mal connus[16], dont l'étude est à refaire, la famille, telle que nous la limitons, comprend un total de quatre-vingt-huit genres.

Ils renferment environ douze cents espèces[17], dont les six dixièmes appartiennent à l'ancien monde, et le reste au nouveau. Quant au nombre de genres propres à ce dernier, il est bien moins considérable que celui des genres limités à l'ancien ; car l'Amérique n'a que vingt-trois genres qui lui appartiennent exclusivement, l'ancien monde en

1. *Prodr. Fl. pen. ind.* (1834).
2. *Enum. pl. Zeyl.* (1864).
3. *Verhand. Nat. Gesch. d. Nederl.*, 257 (1842).
4. In *Ann. Nat. Hist.*, ser. 1, III (1839).
5. *Fragm.*, II (1860).
6. In *Hook. Journ.*, VIII (1856).
7. *Fragm.*, I (1859).
8. In *Ann. sc. nat.*, sér. 3, II (1845).
9. In *Linnœa*, XI (1837).
10. *Pl. Fendler.* (1848).
11. *Gen.*, 207, 213, 222 (1862).
12. In *Journ. Linn. Soc.*, VI (1862).
13. In *Oliv. Fl. trop. Afr.*, I (1868).
14. In *Bull. Mosc.* (1858).
15. In *B. H. Gen.*, 983 (1865).
16. Ce sont, outre ceux qui ont été rapportés, non sans hésitation, à quelques-uns des genres précédemment exposés :
1° *Arcynospermum* Turcz. (in *Bull. Mosc.* (1858), I, 191), plante mexicaine, dont MM. Bentham et J. Hooker (*Gen.*, 199) disent : « Si revera est Malvacea, ad *Ureneas* pertinet ob stylos ovarii loculis 2-plo plures, sed loculi 3, 1-ovulati dicuntur et petala a columna sta-minea libera. » (Euphorbiacée ? ?)
2° *Biasolettia* Presl (in *Rel. Hœnk.*, 141). Placé par Endlicher (*Gen.*, n. 5359) parmi les

Buettnériées, à la suite du *Philippodendron*. syn., d'après MM. Bentham et J. Hooker (*Gen.*, 217), de *Hernandia*, doit être rangé parmi les Lauracées (vol. II, p. 449, note 2).
3° *Covilhamia* Korth. (in *Ned. Kruik. Arch.*, I, 307). Ce genre est donné comme voisin des *Sterculia*, dont il différerait par son calice 6-mère et son ovaire 3-mère. (Euphorbiacée ? ?)
4° *Periptera* DC. (*Prodr.*, I, 459). Genre proposé pour le *Sida periptera* Sims (in *Bot. Mag.*, t. 1644 ; — S. *Malvaviscus* Sess. et Moç. — S. *rubra* Ten.; — *Anoda punicea* Lag., *Nov. gen.*, t. 21), doit probablement, d'après M. Ben-tham (*Gen.*, 199), se rapporter au genre *Abu-tilon*.
5° *Ptychopyxis* Miq. (*Fl. ind. bat.*, Suppl., I, 402). Plante de Sumatra, à feuilles sans sti-pules, comparées à celles des *Shorea*, avec une capsule (« *subbaccata* ») chargée en dehors de plis et d'excroissances diverses, et d'un duvet roux, très-rugueuse. Attribuée avec doute aux Sterculiées (B. H., *Gen.*, 217).
6° *Pyrospermum* Miq. (*loc. cit.*). Fam.??
17. En 1846, Lindley (*Veg. Kingd.*, 362, 364, 370) en comptait plus de quinze cents : 1000 pour les Malvacées proprement dites, 400 pour les Buettnériacées, et 125 pour les Sterculiacées.

possédant quarante-huit. Il en résulte que dix-sept genres sont communs aux deux mondes. A l'ancien appartiennent exclusivement toutes les Lasiopétalées, les Dombeyées, les Hélictérées, sauf le genre *Helicteres ;* au nouveau, la petite série des Chiranthodendrées. Sauf deux ou trois espèces, les Lasiopétalées seraient même exclusivement originaires de l'Australie. Les Bombacées, Hélictérées, Buettnériées et Dombeyées sont à peu près toutes des plantes des régions tropicales. Les Hermanniées, Hibiscées et Urénées s'étendent de là jusque dans des pays plus tempérés, comme le cap de Bonne-Espérance, le Mexique, l'Australie extratropicale, le nord de l'Inde et la Chine. Quant aux Malvées et Malopées, ce sont les plantes de la famille qui se trouvent jusque dans les régions les moins chaudes du globe, soit au nord et au midi de l'Amérique, au sud de l'Australie et dans la Nouvelle-Zélande (comme les *Hoheria* et les *Plagianthus*), et dans l'Asie et l'Europe centrales et boréales. Elles sont cependant abondantes dans les régions tropicales, puisqu'elles y forment, d'après Humboldt, dans les vallées, un cinquantième de la végétation [1]. La proportion décroît considérablement dans la zone tempérée, puisqu'elle n'y est plus que le quart de la précédente [2]. Il y a d'ailleurs ici, comme dans toutes les grandes familles, des types dont la diffusion est extrême : ainsi les *Hibiscus*, qui se rencontrent dans toutes les parties du monde, et qui, en Amérique, par exemple, occupent en latitude une aire de 90 degrés. Celle des Mauves est encore un peu plus étendue. Par contre, il y a des genres exactement limités à une étroite portion du globe : les uns, assez nombreux en espèces, comme ceux de la série des Lasiopétalées; les autres, monotypes ou réduits à un nombre très-restreint. La petite série des Chiranthodendrées, représentée jusqu'ici par un seul genre, avec deux sections et deux espèces, n'existe que dans une portion occidentale très-restreinte de l'Amérique du Nord. Les *Julostyles, Dicellostyles, Decaschistia, Boschia, Durio, Neesia, Cœlostegia, Cullenia, Reevesia, Kleinhovia, Abroma*, ne sont représentés chacun que par une ou deux espèces de l'Asie tropicale. Le seul *Glossostemon* connu est limité à la Perse. La plupart des Dombeyées sont originaires des îles de l'Afrique tropicale orientale, et il n'y a de *Ruizia* et d'*Astiria* que dans les Mascareignes, et probablement de *Cheirolœna* qu'à Madagascar. En Amérique, les *Theobroma, Ochroma, Cavanil-*

---

1. LINDLEY (*Veg. Kingd.*, 369) pense que, sans aucun doute, les Sterculiées sont comprises dans cette évaluation.

2. Les autres nombres cités dans l'ouvrage de M. A. DE CANDOLLE sont : pour la Sicile, 1/86 ; la France, 1/145 ; la Suède, 1/233 ; les portions tempérées de l'Amérique du Nord, 1/125 ; les régions américaines équinoxiales, 1/47.

lesia, et surtout les *Herrania*, *Gœthea* et *Napœa*, n'appartiennent qu'à une zone très-restreinte [1].

Nous ne citerons pour cette famille aucun caractère absolu, car il n'y en a peut-être pas un seul qui mérite véritablement ce nom. Nous rappellerons seulement qu'on y observe fréquemment : des fleurs penta-mères, un calice valvaire, des étamines et une corolle hypogynes, des filets monadelphes ou polyadelphes, des ovules à micropyle extérieur quand ils sont ascendants, intérieur quand ils sont descendants, et des feuilles alternes, pourvues de stipules [2]. La structure anatomique de leurs tiges, dans le petit nombre de cas où elle a été étudiée, a présenté également un très-grand nombre de variations [3]. Nous verrons d'ailleurs tout à l'heure que deux de leurs propriétés principales sont dues à une organisation spéciale de leur liber et à la facilité avec laquelle leur parenchyme peut subir la transformation mucilagineuse.

PROPRIÉTÉS ET USAGES. — Les Malvacées herbacées de nos pays sont connues par deux propriétés principales : elles sont adoucissantes, émollientes, mucilagineuses par leurs racines, leurs feuilles et par leurs fleurs, et leur écorce peut fournir des fibres plus ou moins textiles. Nous verrons ces caractères se reproduire, à différents degrés, dans la plupart des plantes de cette vaste famille. Quant au premier, il dépend de la facilité avec laquelle les parois des cellules de la plupart des organes se gonflent, se ramollissent et s'épaississent en mucilage sous l'influence du contact de l'eau, ou de la faculté qu'elles ont parfois de

---

1. Les seuls pays où, dans les ouvrages spé-ciaux (A. DC., *Géogr. bot.*, 1207-1230), on trouve cité le rapport des Malvacées (pour 100) aux autres familles phanérogames, sont : les îles Loo-cho et Bonin, 3 ; l'Inde anglaise, 1,5 ; le district de Banda, 3 ; les îles Sandwich, 4 ; Timor, 3,5 ; les îles de la Société, 4 ; les îles du Cap-Vert, 3,5 ; la Nubie, 6 ; Maurice, 3 ; le Congo, 3 ; l'île Saint-Thomas, 5 ; les Bar-bades, 3 ; les côtes occidentales de l'Amérique intertropicale, 3,5 ; le Cap oriental, 4,5. En général, les Malvacées sont donc de deux à six fois moins nombreuses que les Légumineuses, les Graminées, les Composées, etc.

2. Les rapports avec les familles voisines ont été exposés déjà à propos des Urticacées et des Phytolaccacées ; ils le seront ultérieurement quant aux Tiliacées, Chlénacées, Géraniacées, Euphor-biacées, etc.

3. Voy. SCHLEID., *Grundz.*, 60, 62. — HENFR., *Microsc. Dict.*, art. WOOD. — OLIV., *Stem in Dicot.*, 7. M. SCHLEIDEN (in *Wiegm. Arch.*, 1839) a constaté, dans certaines Bom-bacées, la rareté du tissu fibreux dans les zones du bois formé presque entièrement de vaisseaux et de tissu cellulaire. M. OLIVER a vu, dans un *Sterculia (Delabechea rupestris)*, un bois à larges cavités tubuleuses, dues sans doute à la résorp-tion d'énormes amas de cellules, et, dans les portions persistantes, des vaisseaux et un paren-chyme particulier, parsemé d'amas de cellules épaisses et allongées. WALPERS a étudié spécia-lement [in *Bot. Zeit.* (1852), 295] le bois et l'écorce des Baobabs. Presque tout reste à faire sur cette question ; les bois des Sterculiées et des Buettnériées, entre autres, offriront à l'observa-teur le sujet de recherches très-nombreuses et très-variées.

produire « des cellules spéciales qui·ont leur végétation particulière [1] », et qui représentent l'élément mucilagineux. Les Mauves ont été de tout temps employées comme émollientes : chez nous, ce sont surtout la Grande Mauve ou M. sauvage [2] (fig. 134-140), et la Petite Mauve ou M. à feuilles rondes [3]. Mais un grand nombre d'autres espèces du genre sont recherchées dans tous les pays pour les mêmes usages [4]. Il en est de même des Guimauves, notamment de la G. officinale [5] (fig. 141), dont on emploie surtout la racine et les feuilles comme émollientes, les fleurs comme pectorales [6] ; et de la Rose trémière [7], dont la racine, moins blanche, est aussi moins usitée [8]. Dans les pays chauds, les *Urena*, *Sida* et *Sphæralcea* tiennent comme émollients, dans la pratique vulgaire, la place qu'occupent chez nous les Guimauves et les Mauves. Les *Sida rhombifolia* L., *althæifolia* LHÉR., *glomerata* CAV., *ovalis* KOST., en Amérique ; le *S. glandulosa* ROXB. [9], dans l'Inde, sont les principales herbes qui remplissent ces indications. Dans toutes les régions tropicales du globe, ce sont encore l'*Urena lobata* CAV. et quelques

---

1. TRÉCUL., *Des mucilages chez les Malvacées*, ... (in *Adansonia*, VII, 248).

2. *Malva sylvestris* L., *Spec.*, 969. — DC., *Prodr.*, I, 432, n. 32. — MÉR. et DEL., *Dict. Mat. méd.*, IV, 207. — GUIB., *Drog. simpl.*, éd. 6, III, 639. — A. RICH., *Élém.*, éd. 4, II, 542, 546. — LINDL., *Veg. Kingd.*, 369 ; *Fl. méd.*, 142. — ENDL., *Enchirid.*, 512. — PEREIRA, *Elem. Mat. med.*, ed. 5, II, p. II, 55. — PAYER, *Thèse Malvac.*, 33. — RÉV., in *Fl. méd. du* XIXe *siècle*, II, 311. — MOQ., *Bot. méd.*, 181, fig. 56. — ROSENTH., *Syn. pl. diaphor.*, 706. — H. BN, in *Dict. encycl. des sc. méd.*, sér. 2, V.— *Malva vulgaris* TEN. (vulg. *M. verte*, *Fromageon*, *Beurrat*, *Fouassier*).

3. *M. rotundifolia* L., *Spec.*, 969. — DC., *Prodr.*, n. 34. — GUIB., *loc. cit.*, 640. — A. RICH., *loc. cit.*, 547 (vulg. *M. ronde*, *Herbe de Saint-Simon*).

4. Notamment les *M. nicæensis* ALL., *crispa* L., *Alcea* L., *italica* POLL., *fastigiata* CAV., *moschata* L., dans l'Europe australe ; *mauritiana* L. dans l'Afrique boréale, *verticillata* L. en Chine, *borealis* L. dans le nord de l'Europe, *balsamica* JACQ. et *fragrans* JACQ. au Cap, etc. GUIBOURT a constaté qu'à Paris, on substitue souvent au *M. sylvestris*, le *M. glabra* DESROUSS., var. du *M. mauritiana*, à cause de la taille de ses fleurs qui bleuissent en séchant. On a accordé à ces plantes un grand nombre de vertus exagérées ou imaginaires.

5. *Althæa officinalis* L., *Spec.*, 966.— CAV., *Diss.*, II, 93, t. 30, fig. 2. — DC., *Prodr.*, I, 436, n. 1. — MÉR. et DEL., *Dict. Mat. méd.*, I, 202. — GUIB., *op. cit.*, 638, fig. 742. —

PEREIRA, *loc. cit.*, 555. — LINDL., *Fl. med.*, 143. — A. RICH., *Élém.*, éd. 4, II, 543. — PAYER, *Thèse Malvac.*, 35. — MOQ.. *Bot. méd.*, 72, fig. 24.— RÉV., in *Bot. méd. du* XIXe *siècle*, II, 125. — ROSENTH., *op. cit.*, 705 (vulg. *Mauve blanche*).

6. Elle fait partie du sirop d'*Althæa* de Fernel ; entrait autrefois, dit·on, dans la préparation de la pâte de Guimauve, et renferme un principe cristallisable, nommé althéine, mais identique avec l'asparagine.

7. *A. rosea* CAV., *Diss.*, II, t. 29, fig. 3. — DC., *Prodr.*, I, 437, n. 11. — *Alcea rosea* L., *Spec.*, 966 (*Rose d'outre-mer*, *Passe-rose*, *Trémier*, *Bourdon de Saint-Jacques*). Ses fleurs (*Flores Malvæ arboreæ s. hortensis* OFF.) servent en teinture et donnent une couleur, une encre et une laque bleues (ROSENTH., *op. cit.*, 706; — DUCH., *Rép.*, 211). On les a parfois employées à falsifier plusieurs fleurs bleues vendues en herboristerie.

8. Les propriétés des espèces précédentes se retrouvent dans d'autres *Althæa* qui servent aussi d'émollients, notamment les *A. cannabina* L., *chinensis* CAV., *ficifolia* CAV., *taurinensis* DC., *narbonensis* POURR., *pallida* WALDST., *meonantha* LK, et plusieurs *Lavatera*, que nous rapportons comme section au même genre, savoir : les *L. arborea* L. (*Spec*, 972 ; — CAV., *Diss.*, II, t. 139, fig. 2 ; — DC., *Prodr.*, I, 439), *trimestris* L. (*Spec.*, 974 ; — DC., *Prodr.*, n. 1; — *Stegia Lavatera* DC., *Fl. fr.*, n. 4525), *thuringiaca* L. (ROSENTH., *op. cit.*, 705).

9. Voy. PAYER, *Thèse Malvac.*, 36. — ROSENTH., *op. cit.*, 714.

espèces voisines; en Amérique, les *Sphæralcea cisplatina* [1], *lactea* SPACH et *angustifolia* SPACH [2]. Le *Malope malacoides* L., les *Hibiscus vitifolius* L., *mutabilis* L., *unilateralis* CAV., *venustus* BL., *vitifolius* L., *irriguus* BL., *surattensis* L., *Trionum* L., *tiliaceus* L.; les *Abutilon americanum* SWEET, *populifolium* SWEET, *indicum* SWEET, *hirtum* DON, *graveolens* WIGHT et ARN., *tomentosum* WIGHT· et ARN., *crispum* SWEET, *umbellatum* SWEET, *mauritianum* SWEET, *atropurpureum* KOST., et beaucoup d'autres [3], ont aussi les mêmes vertus adoucissantes, émollientes, pectorales. Elles sont peut-être plus développées encore dans les Baobabs, dont les nègres emploient journellement les feuilles et les fleurs comme mucilagineuses, dans les affections des appareils digestif et respiratoire; et elles se retrouvent dans plusieurs *Pachira* américains, dans les *Eriodendron*, les *Helicteres*, les *Ochroma*, les *Guazuma*, les *Kydia*, les *Sterculia*. Dans ces derniers, la transformation du parenchyme cortical ou médullaire en substances mucilagineuses est spontanée, et leur écorce laisse suinter une sorte de gomme adraganthe. Tels sont, dans l'Inde, le *S. urens* [4], et dans l'Afrique tropicale, le *S. Tragacanthæ* [5], dont les produits se trouvent çà et là mélangés aux gommes d'Acacias qui viennent de la Sénégambie [6]. Les graines de plusieurs *Sterculia* développent aussi, au contact de l'eau, une quantité considérable de mucilage; ce qui a fait rechercher plusieurs espèces comme émollientes, antiphlogistiques. Celle dont on a le plus parlé dans ces dernières années est, sans contredit, ce fameux *Tam–paiang* [7] de l'Inde, proposé comme spécifique des diarrhées, dysenteries, angines, etc.; c'est la semence du *S. scaphigera* [8]. Celle du *S. alata* [9], autre espèce indienne, a des propriétés analogues. Mais les graines les plus remar-

---

1. A. S. H., *Pl. us. Bras.*, t. 52; *Fl. Bras. mer.*, I, 209. — LINDL., *Fl. med.*, 142 (vulg. *Mulvavisco*).

2. ROSENTH., *op. cit.*, 708. On les administre aussi comme antirhumatismaux.

3. Voy. ROSENTH., *op. cit.*, 704-728.

4. ROXB., *Pl. coromand.*, I, 25, t. 24. — DC., *Prodr.*, I, 483, n. 23.—ROSENTH., *op. cit.*, 725. — *Cavallium urens* SCHOTT et ENDL.

5. LINDL., in *Bot. Reg.*, t. 1353. — MAST., in *Oliv. Fl. trop. Afr.*, I, 216. — H. BN, in *Adansonia*, X, 173. — S. pubescens DON, *Gen. Syst.*, I, 615. — S. obovata R. BR., in *Benn. Pl. jav. rar.*, 233. — *Southwellia Tragacantha* SCHOTT. — LINDL., *Fl. med.*, 136. On attribue avec quelque doute à cette espèce et à la précédente la production d'une portion de la gomme *Kuteera* du commerce (GUIB., *Drog. simples*, éd. 6, III, 452).

6. Des produits analogues seraient fournis également par les S. ramosa WALL., crinita CAV., plusieurs *Bombax*, etc. (voy. ROSENTH., *op. cit.*, 722).

7. Ou *Boa-tam-pajang*, *Boochgaan-tam-paijang*, graine ovoïde, atténuée à une ou au deux extrémités, surtout à celle qui répond au hile oblique, longue de 3 centim. ou plus, brunâtre, ridée, développant au contact de l'eau une quantité énorme de mucilage, riche en bassorine et contenant, en outre, une huile verdâtre. (GUIB., *op. cit.*, III, 645.)

8. *Scaphium scaphigerum* SCHOTT et ENDL., *Melet.*, 33.

9. ROXB., *Pl. coromand.*, III, t. 287. — *Pterygota Roxburghii* SCHOTT et ENDL., *Melet.*, 32.—ROSENTH., *op. cit.*, 724 (vulg. *Toolu*). Ses graines sont, dit-on, narcotiques et employées dans l'Inde au même titre que l'opium.

quables de ce groupe sont celles qu'on désigne vulgairement sous les noms de Noix de Cola et de Cacao. Le véritable *Cola* [1] est la graine d'une Sterculiée, le *C. acuminata* [2], souvent réduite à un gros embryon plus ou moins globuleux, charnu, à deux, trois ou quatre cotylédons épais, et qui se vend, à des prix quelquefois élevés, sur la côte occidentale de l'Afrique tropicale. C'est un masticatoire qui semble avoir des propriétés analogues à celles qu'on attribue communément au *Maté*, à la *Coca*, etc. Sa saveur est d'abord âpre ; mais les aliments, les boissons et même, assure-t-on, l'eau saumâtre ou corrompue, paraissent d'un goût agréable à ceux qui viennent de mâcher la Noix de *Cola*.

Le Cacao ordinaire est la graine du *Theobroma Cacao* L. [3] (fig. 124–129). Du péricarpe [4] coupé en deux et mis à part, sous le nom de *cabosse*, on retire les semences entourées de leur pulpe charnue, que l'on fait fermenter, soit en les enfouissant sous terre [5], soit en les brassant dans des auges de bois. De la pulpe liquéfiée on retire plus tard les semences dont l'enveloppe s'est colorée et qu'on sèche au soleil sur des nattes. Ces graines renferment une matière colorante, un principe tannant, une substance azotée cristallisable, la théobromine [6], et environ moitié de leur poids d'une huile solidifiable, ou beurre de Cacao, qu'on en sépare par l'ébullition dans l'eau, et qui s'emploie, soit comme aliment, soit comme médicament externe ou interne, soit comme cosmétique, ou même pour la fabrication d'un savon et de bougies. Quant aux amandes, elles servent principalement à la fabrication du chocolat ; l'infusion des coques constitue aussi une boisson populaire dans certains pays. D'autres espèces de *Theobroma* fournissent à la consommation des graines de Cacao ; on cite notamment les *T. glaucum* [7], *bicolor* [8],

---

1. Ou *Gourou, Ngourou, Café du Soudan.*
2. R. Br., in *Benn. Pl. jav. rar.*, 237. — Mast., in *Oliv. Fl. trop. Afr.*, I, 221. — H. Bn, in *Adansonia*, X, 169. — *Sterculia acuminata* Pal. Beauv., *Fl. ow. et ben.*, I, 41, t. 24. — S. *nitida* Vent., *Malmais.*, II, 91. — S. *verticillata* Schum. et Thönn., *Beskr.*, 240. — *Siphoniopsis monoica* Karst., *Pl. columb.*, 139, t. 69.
3. Voy. p. 79, note 2.—Mér. et Del., *Dict. Mat. méd.*, VI, 719. — A. Rich., *Elém.*, éd. 4, II, 252. — Lindl., *Fl. med.*, 138. — Pereira, *Elem. Mat. med.*, ed. 5, II, p. II, 553. — Moq., *Bot. méd.*, 281, 405, fig. 88.—Nees, *Pl. med.*, t. 419. — Guib., *Drog. simpl.*, éd. 6, III, 647, fig. 745. — Mitscherl., *d. Cacao.* Berl. (1859). — Berg et Schm., *Off. Gew.*, IV, t. 33, e, f. — H. Bn, in *Dict. encycl. des sc. méd.*, XI, 364.
4. Dans cette espèce, il est jaune ou rouge,

suivant les variétés, allongé, atténué en pointe mousse aux deux extrémités, avec cinq angles mousses, et dix côtes longitudinales peu proéminentes à l'état frais. Dans leurs intervalles sont des bandes plus ou moins rugueuses, obtusément tuberculeuses.
5. D'où le nom de C. terrés, qui s'applique aux sortes dites C. de la Trinité, caraque (de la côte de Caracas). Dans ce cas, les téguments séminaux se séparent beaucoup plus facilement de l'embryon.
6. Amère, peu soluble, inaltérable à l'air, volatile au-dessus de 250° ($C^{14}H^{8}Az^{4}O^{4}$).
7. Karst., in *Linnæa*, XXVIII, 447. — Rosenth., *op. cit.*, 726. M. Karsten dit que les graines de cette espèce diffèrent à peine, par le goût, de celles des C. cultivés, et constituent une portion du C. de Caracas du commerce.
8. H. B., *Pl. æquin.*, I, 104, t. 30. — H. B. K., *Nov. gen. et spec.*, V, 317. — H. Bn,

guianense [1], *ovalifolium* [2], *angustifolium* [3], *sylvestre* [4], *subincanum* [5], *speciosum* [6], *microcarpum* [7]. Le *C. simarron* de la Colombie est l'*Herrania albiflora* [8] ; le *C. de montagne*, du même pays, est l'*H. pulcherrima* [9] ; et le Cacaoyer à feuilles d'Orme, des Antilles, est le *Guazuma ulmifolia* [10], dont le fruit est alimentaire, mucilagineux, astringent, et dont l'écorce sert, après macération, à la clarification du sucre.

Plusieurs autres Malvacées ont des fruits alimentaires. Ceux de l'*Eriodendron anfractuosum* [11] (fig. 168) se mangent dans l'Inde, soit cuits, soit crus. Ceux des *Pachira insignis* [12] et *aquatica* [13] portent, pour la même raison, les noms de *Châtaignes de la côte d'Espagne* et *de la Guyane*, ou de *Cacaos sauvages*. Celui du *Durio zibethinus* [14] (fig. 173) est, dit-on, fort estimé dans l'Asie tropicale [15]. En Colombie, on mange le péricarpe, plus ou moins fibreux, du *Sapote* et du *Castaño*, qui sont, l'un le *Quararibea cordata* [16], et l'autre le *Q. Castaño* [17]. On assure que, dans l'Inde, le

in *Dict. encycl. sc. méd.*, XI, 366. — *Cacao bicolor* Poir., *Dict.*, Suppl., II, 7 (*Bacao* à la Nouv.-Grenade). Fruit ovoïde, à dix côtes peu marquées, long de 16 à 22 centim.; donne surtout, dit-on, le C. de Caracas.

1. W., *Spec.*, III, 1422. — DC., *Prodr.*, I, 484, n. 2. — *Cacao guianensis* Aubl., *Guian.*, II, 683, t. 275. Fruit ovoïde-arrondi, à cinq arêtes arrondies, couvert d'un duvet ras, long de 12 centim., large de 7 centim. Produit, assure-t-on, une portion du C. de Cayenne.

2. Sess. et Moç., *Fl. mex. ined.* (ex DC., *Prodr.*, n. 5).

3. Sess. et Moç., *loc. cit.* — Rosenth., *op. cit.*, 726. On attribue à cette espèce et à la précédente les C. Soconusco et d'*Esmeraldas*.

4. *Cacao sylvestris* Aubl., *op. cit.*, 687, t. 276. Fruit obovoïde, un peu piriforme à la base, à côtes presque nulles, couvert d'un duvet roussâtre, long de 14 centim. Passerait pour donner une portion du C. de Cayenne.

5. Mart., ex Rosenth., *op. cit.*, 726.

6. W., ex Rosenth., *loc. cit.*

7. Mart., ex Rosenth., *loc. cit.* Ces trois dernières espèces donneraient les C. du Brésil. Le *C. minus* Gærtn. (*Fruct.*, II, 190, t. 122) est donné par De Candolle comme synon. du *T. Cacao* L. (voy. p. 79, note 1). Les principales sortes de C. non terrés sont le *Soconusco* (note 3) et ceux du Para, de Maragnan, de la Martinique, de Saint-Domingue.

8. Goud., in *Ann. sc. nat.*, sér. 3, II, 230, t. 5, fig. 1-10 (vulg. *Cacao montaraz* ou *simarron* de la N.-Grenade). Le *Quararibea Cacao* H. Bn [in *Adansonia*, X, 147 ; — *Myrodia Cacao* Tr. et Pl. (vulg. *Palo baston*)] porte aussi dans ce pays le nom de C. *simarron*.

9. Goud., *loc. cit.*, 232, t. 5, fig. 11, 12. —

H. aspera Karst. — *Brotobroma aspera* Karst. et Tr. (*C. cuadrado* ou *Cahoui*).

10. Lamk, *Dict.*, III, 52. — *Theobroma Guazuma* L., *Spec.*, 1100. — *Bubroma Guazuma* W. (vulg. Orme aux Antilles).

11. DC., *Prodr.*, I, 479, n. 2. — *Bombax pentandrum* L., *Spec.*, 959. — Cav., *Diss.*, V, 293, t. 151 (voy. Rheed., *Hort. malab.*, III, t. 49-51 ; — Rumph., *Herb. amboin.*, I, t. 80).

12. *Carolinea insignis* Sw., *Fl. ind. occ.*, II, 1202. — DC., *Prodr.*, I, 478, n. 3. — Rosenth., *op. cit.*, 717. — *Bombax grandiflorum* Cav., *Diss.*, V, 295, t. 154.

13. Aubl., *Guian.*, II, 725, t. 291, 292. — Cav., *Diss.*, III, 176, t. 72, fig. 1. — Lamk, *Ill.*, t. 589. — *Carolinea princeps* L. F., *Suppl.*, 314. — DC., *Prodr.*, I, 478, n. 1 (*Sapote longo*, à la N.-Grenade).

14. L., *Syst.*, 698. — Lamk, *Ill.*, t. 641. — DC., *Prodr.*, I, 480. — Rosenth., *op. cit.*, 720. — *Duryon* Rumph., *Herb. amboin.*, I, 99, t. 29 (vulg. *Hérisson d'arbre*).

15. La Civette zibeth s'en nourrit ; d'où son nom spécifique. Ce fruit passe pour aphrodisiaque ; il a tout à la fois la saveur de plusieurs fruits et légumes, de la crème, et en même temps une odeur de concombre et d'ail ; en sorte qu'il semble d'abord fétide et repoussant ; mais il paraît qu'on s'y fait peu à peu et qu'on le trouve ensuite délicieux.

16. H. Bn, in *Adansonia*, X, 147. — *Matisia cordata* H. B., *Pl. æquin.*, I, 10, t. 2, 3. — H. B. K., *Nov. gen. et spec.*, V, 307. — DC., *Prodr.*, I, 477 (*Chupa-chupa*, à la N.-Grenade).

17. H. Bn, *loc. cit.*, 146. — *Matisia Castaño* Tr. et Karst., *N. pl. Fl. N.-Granad.*, 24 ; in *Linnæa* (1857), 86. — Tr. et Pl., in *Ann. sc. nat.*, sér. 4, XVII, 326 (vulg. *Castaño*).

fruit de l'*Heritiera littoralis* est aussi récolté comme comestible, et qu'il en est de même, dans l'Afrique tropicale, du péricarpe de plusieurs *Sterculia*. Dans le *S. cordifolia* [1], du Sénégal, la portion comestible est considérée comme étant l'arille des graines. Dans le Baobab commun [2] (fig. 169, 170), c'est la pulpe acidulée, rafraîchissante, ultérieurement desséchée et farineuse, qui enveloppe les graines, et qui autrefois s'expédiait en Europe, sous le nom de *terre de Lemnos*. C'était alors, en Grèce et en Égypte, comme c'est aujourd'hui parmi les peuplades nègres de l'Afrique, un remède réputé, sous le nom de *boui*, contre les diarrhées, dysenteries, hémoptysies, fièvres putrides, etc. La portion extérieure du fruit [3], sorte d'écorce ligneuse, dont la forme est variable, sert, comme les Calebasses, de vase ou de récipient; et réduite en cendres, elle fournit une lessive alcaline qui sert à saponifier les huiles rances de palme. Les graines torréfiées entrent, en Nubie, dans la préparation d'une décoction antidysentérique. Celles de plusieurs *Sterculia* ont, dans leur embryon, des propriétés analogues, attendu qu'elles sont riches en tannin. Il en résulte qu'elles sont rarement comestibles. Toutefois les amandes du *S. carthagenensis* [4] (fig. 78) se mangent dans la province de Goyaz ; celles du *S. fœtida* [5], dans l'Inde orientale ; celles du *S. platanifolia* [6] (fig. 85-87), en Chine ; en Amérique, celles du *Pachira aquatica ;* en Orient, celles de l'*Hibiscus ficulneus*, avant leur maturité ; dans l'Afrique tropicale, celles de plusieurs *Sida*, torréfiées, comme succédané du café. On sait que les enfants mangent, sous le nom de Fromageons, les carpelles de la plupart de nos Mauves indigènes. Trèssouvent les semences des Malvacées sont principalement alimentaires par l'huile qu'elles renferment en abondance. On tire maintenant un grand parti, pour la nourriture du bétail, de l'embryon oléagineux des Cotonniers, qu'on rejetait autrefois après que la graine avait été débar-

---

1. GUILLEM. et PERR., *Fl. Seneg. Tent.*, I, 79, t. 15 (an CAV. ?). — MAST., in *Oliv. Fl. trop. Afr.*, I, 217, n. 4. Nous avons (in *Adansonia*, X, 173), à cause de la disposition des anthères, rapporté cette plante au genre *Cola*.
2. *Adansonia digitata* L., *Spec.*, 960. — CAV., *Diss.*, V, 298, t. 15. — LAMK, *Ill.*, t. 588. — MÉR. et DEL., *Dict. Mat. méd.*, I, 72. — GUIB., *Drog. simpl.*, éd. 6, III, 643. — LINDL., *Fl. med.*, 139.—ROSENTH., *op. cit.*, 716.—H. BN, in *Dict. encycl. sc. méd.*, I, 691.— ? *Ophelus salutarius* LOUR., *Fl. cochinch.*, 501.
3. Vulg. *Pain de singe*.
4. CAV., *Diss.*, VI, 353. — R. BR., in *Horsf. Pl. jav. rar.*, 228. — TR. et PL., in *Ann. sc. nat.*, sér. 4, XVII, 329. — *S. He-*

licteres PERS., *Syn.*, II, 240. — *S. Chicha* A. S. H., *Pl. us. Bras.*, t. 46 ; *Fl. Bras. mer.*, I, 278. — *Helicteres apetala* JACQ., *Amer.*, 238, t. 181, fig. 97 (vulg. *Chicha, Panama, Camajonduro*). L'épithète de *apetala*, adoptée par M. KARSTEN, et qui devrait, à la rigueur, être employée (vu l'ancienneté), n'est toutefois pas admissible, tous les *Sterculia* étant apétales. Les semences sont riches en huile, et de même celles du *S. lasiantha* MART.
5. L., *Spec.*, 1431. — DC., *Prodr.*, I, 483, n. 27. — *Clompanus major* RUMPH., *Herb. amboin.*, III, t. 107.
6. L., *Suppl.*, 423. — *Hibiscus simplex* L., *Spec.*, 977. — *Firmiana platanifolia* MARSIGL. — R. BR., *loc. cit.*, 235. — *Culhamia* FORSK.

rassée de la matière textile. Cet embryon s'emploie encore à préparer des émulsions. L'huile sert de même, au Brésil, à assaisonner les aliments de l'homme, ou bien on la brûle pour l'éclairage. Les graines du *Sterculia fœtida* fournissent aussi, aux Moluques, une huile bonne à manger et à brûler. La Noix de Malabar, dont l'huile se brûle également, est le *S. Balanghas* [1] (fig. 79-84). Les graines de quelques *Sida*, notamment celles du *S. hirta* L., se mangent dans l'Inde comme apéritives et diurétiques ; celles du *S. abutilifolia*, comme émollientes. Les graines d'Ambrette [2] passent pour astringentes et alexipharmaques ; elles sont surtout recherchées comme parfum, leur odeur vive rappelant beaucoup celle du musc. Aussi cette plante, originaire de l'Asie tropicale, est-elle cultivée dans la plupart des pays chauds. La meilleure graine d'Ambrette vient, dit-on, de la Martinique. En médecine, on l'a employée comme stimulante et antispasmodique. On a proposé également d'utiliser pour la parfumerie le *Palavia moschata*, qui est aussi très-odorant. Le parfum des fleurs est peu prononcé, en général, parmi les Malvacées ; toutefois les corolles des *Melochia* océaniens et indiens, à fleurs nombreuses, dites en panicules, qu'on a appelés *Visenia*, ont une odeur agréable et très-vive dont on pourrait tirer parti. Les organes herbacés des Malvacées sont assez souvent alimentaires, notamment les feuilles, les jeunes pousses et quelquefois les racines. On dit que la nourriture des anciens habitants des îles Canaries consistait surtout en racines de *Malva* et d'*Althœa*, raclées et cuites dans du lait. On mange quelquefois, dans les campagnes, les pousses de la Guimauve, celles de l'*Hibiscus grandiflorus* L., de l'*H. tiliaceus*, les feuilles cuites de plusieurs Mauves, du *Napœa lœvis* L., du *Sida rhombifolia* L. et de quelques autres. Dans les *Hibiscus verrucosus*, *Sabdariffa* L., et plusieurs autres, il existe une certaine acidité qui fait employer ces plantes comme aliment, sous le nom d'*Oseille de Guinée*. Le *lalo* du Sénégal est un aliment particulier que les nègres préparent avec les feuilles séchées et pulvérisées du Baobab ; ils en font un usage journalier dans leur nourriture, et c'est en même temps un remède préventif qui provoque la transpiration et passe pour calmer l'ardeur du sang, pour garantir des affections des intestins, des reins, etc. Il y a même des Malvacées dont les fleurs sont alimentaires. Au Brésil, on mange avec les viandes celles de l'*Abutilon esculentum ;*

---

1. L., *Spec.*, 1438. — DC., *Prodr.*, n. 2.— *Cavalam* Rheed., *Hort. malab.*, I, t. 49.
2. *Hibiscus Abelmoschus* L., *Spec.*, 980. — DC., *Prodr.*, I, 452, n. 72. — H. Bn, in *Dict. encycl. sc. méd.*, I, 200.—*Abelmoschus communis* Medik. — Guib., *Drog. simpl.*, éd. 6, III, 640, fig. 743. — *A. moschatus* Moench. — Rosenth., *op. cit.*, 711. — *Granum moschatum* Rumph., *Herb. amboin.*, IV, 40, 15 (vulg. *Fleur musquée*).

aux Antilles et dans l'Inde, on prépare des sauces, des potages, dont l'usage est journalier, avec les boutons ou les fruits verts du *Gombo*, c'est-à-dire de l'*Hibiscus esculentus* [1] ou de quelques espèces voisines [2]. On les dit très-propres à réparer les forces épuisées, et l'on accorde la même vertu, à un plus haut degré encore, au fruit du *Durio*, qui passe aux Moluques pour un puissant aphrodisiaque. Dans les pays tropicaux, d'ailleurs, on attribue à un grand nombre de Malvacées des propriétés curatives très-diverses. Le *Sida indica* L. est considéré comme stomachique et antipériodique; les *S. americana* L., *hirta* L. et *alnifolia* L., comme diurétiques et apéritifs; le *S. carpinifolia* L., comme émollient et comme propre à guérir les piqûres des guêpes qu'on en frotte, au Brésil, pour dissiper la douleur; les *S. mauritiana* L. et *lanceolata* Retz, comme toniques et fébrifuges; le *S. viscosa* Lhér., comme émollient aux Antilles. Le *S. rhombifolia* L. a tiré de ses propriétés son nom de Fausse-Guimauve ou G. des Indes. Le *Thespesia macrophylla* Bl. a, suivant les Javanais, un épiderme fébrifuge; et le suc glutineux qu'on extrait dans l'Asie tropicale du *T. populnea* Corr. passe, ainsi que la décoction de son écorce, pour souverain contre les affections de la peau, les contusions, etc. Le *Pavonia odorata* W. a une racine fébrifuge, de même que le *P. zeylanica* Cav., qui s'emploie en infusion à Ceylan. Le *P. diuretica* A. S. H. [3] a tiré son nom de l'usage qu'on en fait au Brésil. Le *P. coccinea* Cav. a de jolies fleurs dont on prescrit aux Antilles des infusions comme antiphlogistiques. Le *Malvaviscus arboreus* Cav. a des fleurs et des racines usitées dans le même pays et dans les mêmes circonstances. Ses pétales sont, sans doute, légèrement astringents, comme ceux de l'*Hibiscus Rosa sinensis* [4], riches en tannin, employés à Taïti dans les cas d'ophthalmie, et recherchés par les femmes chinoises pour teindre leurs sourcils. Ils servent aussi, dit-on, à la préparation des cuirs. Les fleurs de l'*H. tiliaceus* L. sont apéritives, comme les feuilles de l'*H. suratensis* L. [5], qui, de plus, servent à teindre en rouge. Les racines de l'*H. Sabdariffa* L. sont amères, toniques, apéritives. Celles de plusieurs Cotonniers sont employées dans l'Inde contre les affections des voies urinaires. Le *Cristaria betonicæfolia* Pers. se prescrit au Chili comme rafraîchissant et fébrifuge. L'*Urena lobata* L. [6] sert en

---

1. L., *Spec.*, 980. — DC., *Prodr.*, I, 450, n. 49. — *Abelmoschus esculentus* Guillem. et Perr. (vulg. *Okra*, *Gombaut*, aux Antilles).
2. Notamment de l'*H. longifolius* L.
3. *Pl. us. Bras.*, t. 53; *Fl. Bras. mer.*, I, 234. — Rosenth., *op. cit.*, 708.

4. L., *Spec.*, 977. — Cav., *Diss.*, III, t. 69, fig. 2. — DC., *Prodr.*, n. 28. — *Flos festivalis* Rumph., *Herb. amboin.*, IV, 26, t. 8 (vulg. *Rose de la Chine*).
5. L., *Spec.*, 979. — DC., *Prodr.*, n. 31.
6 L., *Spec*, 974. — DC., *Prodr.*, I, 441.

Asie au traitement des maladies intestinales ; ses fleurs s'emploient comme expectorantes. L'*Helicteres Isora* L. (fig. 95, 96) est fort recherché dans l'Inde comme tonique, stimulant; on emploie surtout la décoction de ses fleurs et de ses fruits. De sa racine on extrait un suc qui s'administre contre les affections de la peau, les abcès, les cardialgies. Son fruit, réduit en poudre et broyé avec de l'huile de Ricin, s'applique dans les oreilles en cas d'otite. Les couches profondes de l'écorce du *Guazuma ulmifolia* sont employées aux Antilles comme dépuratif et sudorifique, dans les cas d'affections cutanées, syphilitiques. Plusieurs *Sterculia* et *Cola*, riches en principe astringent, ont des usages analogues dans l'Inde et dans l'Afrique tropicale [1]. Le *Waltheria americana* L. est aussi fébrifuge et antisyphilitique. Au Brésil, la décoction du *W. Douradinha* A. S. H. se prescrit contre les maladies vénériennes et les affections de poitrine. Le *Melochia corchorifolia* est réputé adoucissant et alexipharmaque dans l'Inde. Plusieurs *Buettneria* et *Ayenia* américains servent d'astringents au Venezuela. L'*Helicteres Sacarolhæ* A. S. H. [2] est aussi connu comme astringent et antisyphilitique au Brésil. La plupart des *Pterospermum* sont recherchés comme médicaments dans l'Asie tropicale : les *P. acerifolium* W. et *glabrescens* WIGHT et ARN. sont émollients ; les *P. suberifolium* LAMK et *Heyneanum* WALL. servent au traitement des céphalalgies. Leurs fleurs pulvérisées se prennent à cet effet comme du tabac à priser, et en infusion, comme antiblennorrhagiques. Le *Trochetia Erythroxylon* [3], plante disparue, dit-on, maintenant de la végétation de Sainte-Hélène, y servait jadis de médicament émollient. L'écorce du *Kydia calycina* ROXB. s'emploie dans l'Inde en infusions sudorifiques, dépuratives, et passe pour guérir l'éléphantiasis. Les graines des *Heritiera* sont toniques, amères ; leur écorce sert à la teinture. L'*Helicteres corylifolia* WIGHT a une racine amère, stomachique. En somme, toutes les espèces précédentes semblent agir, soit comme antiphlogistiques, par leur principe émollient, soit comme astringentes, par le tannin qu'elles contiennent. Mais on ne peut expliquer de la même façon les propriétés particulières de certaines Bombacées. Ainsi, l'écorce des *Bombax* américains [4] et des espèces asiatiques du même genre, qu'on a nommées *Salmalia* [5], sont vomitives. Les fleurs

---

1. ENDL., *Enchirid.*, 517.
2. *Pl. us. Bras.*, t. 64; *Fl. Bras. mer.*, I, 276 (vulg. *Sacarolha, Rosea para malus*).
3. *Melhania Erythroxylon* AIT., *Hort. kew.*, ed. 2, IV, 146. — DC., *Prodr.*, I, 499, n. 2. — *Dombeya Erythroxylon* HOOK., in *Bot. Mag.*, t. 1000.

4. Notamment du *B. Ceiba* L., *Spec.*, 959. — *B. quinatum* JACQ., *Amer.*, 129, t. 176, fig. 1. Les *B. cumanense* H. B. K. et *septenatum* JACQ. partagent avec lui le nom vulgaire de *Ceiba*.
5. Principalement le *S. Wightii* ENDL., dont le fruit est aussi comestible.

du *B. malabaricum* DC. sécrètent un nectar qui est purgatif et diuré-
tique. L'écorce de l'*Eriodendron anfractuosum* DC. est, dit-on, émé-
tique[1], comme aussi celle de la racine de l'*Ochroma Lagopus*. Il y a,
dans les différentes parties du monde, plus de cent cinquante Malvacées
employées comme médicaments[2].

Nous avons parlé de leurs propriétés textiles. Leur liber est souvent,
en effet, tenace, flexible, formé de lames séparables, comme celui des
Tiliacées, et il en résulte qu'on peut en tirer par macération et rouissage
des filasses assez souvent employées dans certains pays. Mais les anasto-
moses fréquentes qui s'observent, dans un même feuillet libérien, entre
les faisceaux voisins, fait que rarement ces faisceaux sont séparables les
uns des autres et empêchent qu'on ne tire pour la fabrication des tissus
un grand parti de ces différentes Malvacées. On a cependant conseillé
de cultiver en grand, dans les marécages de l'Europe méridionale,
l'*Hibiscus roseus*[3], qui donnerait une filasse abondante, quoique de qua-
lité inférieure, comme on cultive dans l'Inde, pour son liber textile, les
H. cannabinus L. et *verrucosus* L. On fait souvent des cordes, des
toiles grossières, ou même du papier, des liens, des filets de pêche, etc.,
avec un grand nombre de Ketmies des pays chauds : les *H. elatus* Sw.,
grandifolius Salisb., *clypeatus* L., *syriacus* L. (fig. 154-161), *mutabilis* Cav., *vitifolius* L., *tiliaceus* L., *arboreus* L., de même qu'avec le
Sida Abutilon et quelques autres Herbes à balais[4] du même genre, les
Urena lobata et *sinuata*, le *Thespesia populnea*, le *Napœa lœvis*, le
Malva Alcea, les *Althœa cannabina*, *narbonensis*, *rosea*, les *Helicteres*,
certains *Dombeya* des îles Mascareignes, l'*Abroma fastuosa*, plusieurs
Quararibea,[5], etc. Mais la plus précieuse des substances textiles que
nous devions aux Malvacées est le coton, constitué par certaines cellules
du tégument séminal superficiel de plusieurs *Gossypium*. Dans le
G. herbaceum[6] (fig. 163-166), en particulier, on voit, à l'époque de la

---

1. Quoique la plupart de ses parties soient
émollientes, mucilagineuses.
2. Voy. Lindl., *Fl. med.*, 135-144; *Veg.
Kingd.*, 361, 364, 369. — Endl., *Enchirid.*,
512, 517, 520. — Rosenth., *op. cit.*, 705,
716.
3. Thor., in *Loisel. Fl. gall.*, II, 434. —
DC., *Prodr.*, I, 450, n. 53.
4. On emploie comme balais, au Brésil, les
rameaux des *S. carpinifolia* L. et *rhombifolia*
L. Ceux du *S. micrantha* A. S. H. servent à faire
des baguettes de fusées, tirées aux portes des
églises lors de la fête de certains saints.

5. Notamment, à Cayenne, le *Q. guianensis*
Aubl. (*Guian.*, t. 278; — *Myrodia longiflora*
Sw., *Fl. ind. occ.*, 1229; — DC., *Prodr.*, I,
477, n. 3).
6. L., *Spec.*, 975. — DC., *Prodr.*, I, 456,
n. 1. — Cav., *Diss.*, t. 164, fig. 2. — A. Rich.,
Elém., éd. 4, II, 548. — Guib., *Drog. simpl.*,
éd. 6, III, 642. — Rosenth., *op. cit.*, 712. —
G. hirsutum L., *Spec.*, 975. — DC., *loc. cit.*,
n. 6. — *G. prostratum* Schum. et Thönn.,
Beskr., 311. — *G. punctatum* Guillem. et
Perr., *Fl. Sen. Tent.*, I, 62. — A. Rich., *Fl.
abyss. Tent.*, I, 63 (nec Schum. et Thönn.).

floraison, ce tégument, lisse jusque-là, présenter çà et là [1] de petites saillies qui sont dues au développement, dans leur seule surface libre, de quelques-unes de ses cellules. Peu à peu ces petites proéminences coniques, dont le nombre augmente, s'allongent en cylindro-cônes, puis en longs tubes à paroi fort amincie et à cavité toujours unique, dans laquelle il n'y a plus définitivement qu'un contenu gazeux, entouré d'une membrane bientôt desséchée et affaissée [2]. Ces longs poils se détachent alors plus ou moins facilement de la surface des graines [3], dont on peut employer les portions profondes aux usages que nous avons déjà indiqués. La production de ces filaments n'appartient pas, dans les Malvacées, qu'à la surface des semences ; elle peut s'étendre aux parois mêmes de l'endocarpe ; si bien que les graines peuvent être plongées dans un duvet plus ou moins analogue au coton, mais qui n'adhère pas à leur tégument externe, et dont le développement a été centripète [4]. Telle paraît être l'origine des filaments soyeux d'un grand nombre de Bombacées, notamment des Fromagers, des *Eriodendron*, des *Chorisia*, des *Ochroma*, dont la bourre se file et se tisse difficilement, mais peut servir, comme l'édredon, à garnir des coussins, des matelas, et a été employée en chapellerie, en chirurgie, etc. [5]

1. Il y a souvent une région particulière dans laquelle apparaissent les premières de ces saillies : c'était, dans les jeunes graines par nous observées, vers la chalaze ; après quoi, l'éruption gagnait, suivant les bords, l'autre extrémité de la semence. Puis, là où avait débuté l'éruption, les proéminences devenaient plus nombreuses, et il s'en développait, en dernier lieu, sur les deux faces latérales de la graine. Mais cet ordre dans la production des papilles est loin d'être constant et absolu.

2. C'est pour cette raison que les réactions du coton sont en général celles de la cellulose.

3. Ce caractère sert en première ligne à distinguer entre elles les principales espèces qui donnent des produits utiles. Le coton s'enlève facilement de la surface des graines et les laisse nues dans le *G. barbadense* L. (*Spec.*, 975 ; — DC., *loc. cit.*, n. 10 ; — MAST., *loc. cit.*, 210, n. 1 ; — H. BN, in *Adansonia*, X, 175 ; — *G. vitifolium* LAMK, *Dict.*, II, 135 ; — *G. peruvianum* DC., *loc. cit.*, n. 11 ; — *G. punctatum* SCHUM. et THONN., *op. cit.*, 310, nec GUILLEM. et PERR.), espèce très-souvent cultivée en Asie et en Afrique, et qui donne les différentes sortes de cotons américains ; tandis que dans le *G. anomalum* (WAWR. et PEYR., *Sert. benguel.*, 22 ; — MAST., *loc. cit.*, 211, n. 2 ; — *G. senarense* FENZL, in *Kotsch. It. æthiop. exs.*, n. 90), la seule espèce qui probablement existe en Afrique à l'état sauvage, les filaments ne se séparent que difficilement et laissent sur la graine, après leur ablation, un duvet court, mais souvent épais et comme feutré. Il en est de même dans le *G. herbaceum* (p. 121, note 6) et dans le *G. arboreum* (L., *Spec.*, 975 ; — DC., *loc. cit.*, n. 4 ; — CAV., *Diss.*, VI, t. 195 ; — ? *G. rubrum* FORSK., *æg.-arab.*, n. 88, ex DC., *loc. cit.*), qui diffèrent du précédent en ce qu'ils ont, au lieu de bractées linéaires, rares dans ce genre, des bractées larges, plus ou moins dentelées, comme celles du *G. barbadense*. Le nombre des espèces utiles admises dans le genre *Gossypium* varie d'ailleurs beaucoup suivant les auteurs. MM. BENTHAM et J. HOOKER (*Gen.*, 209, n. 39) en admettent deux (plus le *Sturtia* et le *Thurberia*). M. PARLATORE (*Spec. d. Coton. firenz.* (1866), c. ic.) n'en reconnaît que sept. M. TODARO (*Oss. s. tal. spec. di Coton.*, 17, ex WALP., *Ann.*, VII, 409) en distingue trente-quatre, plus neuf espèces incertaines ou connues seulement de nom. M. M. MASTERS (in *Oliv. Fl. trop. Afr.*, I, 210) ne conserve que les espèces « *concerning which there is little or no difference of opinion among botanists* », c'est-à-dire seulement, pour cette région, les *G. arboreum*, *herbaceum*, *anomalum* et *barbadense*.

4. On peut, à la rigueur, supposer une origine analogue à la pulpe qui entoure les graines des Baobabs et des Cacaoyers.

5. On cite surtout le *Chorisia crispiflora* K., *insignis* K., *speciosa* A. S. H. (*Arvore de poina*

Quand les Malvacées deviennent des arbres (et ceux-ci peuvent acqué-
rir un développement immense dans certaines Bombacées qui sont les
géants du Règne végétal, comme les Baobabs [1], les Fromagers, les *Eriodendron* [2]), leur bois se présente avec deux caractères différents suivant
les genres et les séries auxquels ils appartiennent. Quelquefois il est dur,
résistant, coloré, et peut alors servir aux constructions, comme celui
des *Durio*, des *Heritiera*, ou à la confection d'objets très-durs, comme
en Afrique celui de quelques *Sterculia*, à Amboine celui du *Pterospermum indicum* [3]. Mais plus souvent, les nombreuses cavités dont il est
creusé, et la résorption d'une grande portion de son parenchyme, le
rendent mou et léger, propre, par conséquent, à certains usages parti-
culiers [4]. Les nègres du Sénégal font, entre autres objets [5], des pirogues
d'une seule pièce, d'une grandeur démesurée et d'un poids relativement
peu considérable, avec le tronc gigantesque des Baobabs. A Benin, le
Bombax buonopozense [6] sert au même usage ; dans l'Inde, le *B. Ceiba* et
le *B. gossypinum*, dont le bois peut remplacer le liége [7] ; sur la Gambie,
l'*Eriodendron anfractuosum* et le *Sterculia cordifolia ;* dans l'Amérique
tropicale, les divers *Pachira*. Le bois léger de l'*Hibiscus tiliaceus* [8] flotte
sur l'eau et sert souvent à fabriquer des bouchons ou des plaques des-
tinées à faire surnager les filets. Il a peu de solidité ; mais sa coloration
charmante le fait rechercher pour l'ébénisterie, et il a quelquefois reçu
le nom de Bois de roses. Le bois de l'*Ochroma Lagopus* [9] sert aussi de
liége en Amérique. Les vieux troncs des Cacaoyers cultivés servent aux

---

des Brésiliens), les *Bombax Ceiba* L., *globosum*
AUBL., *villosum* MILL., dont la bourre est rouge,
discolor H. B. K., *cumanense* H. B. K., *ellip-
ticum* H. B. K., *septenatum* JACQ., *Munguba*
MART., et *retusum* MART., le *B. pubescens* MART.
(*Eriotheca pubescens* MART.), et le *B. jasminiodora* (*Erione jasminiodora* SCHOTT), et l'*Eriodendron anfractuosum*, qui, pour beaucoup
d'auteurs, comprend deux espèces : l'*E. occidentale* (*Bombax occidentale* SPRENG.), et l'*E. orientale* STEUD. (voy. ROSENTH., *op. cit.*, 718), etc.

1. Leur diamètre serait souvent de plus de
trente pieds de long, leur tronc atteignant deux
fois cette hauteur.

2. L'*E. Samauha* serait, d'après M. G. WAL-
LIS, le plus grand arbre du monde.

3. A Madagascar, on emploie aussi le bois de
plusieurs *Dombeya*.

4. La surface du tronc, dans plusieurs *Bombax* et *Eriodendron*, est chargée d'aiguillons
coniques, durs. Sa base est souvent renflée en
cône, comme celle de plusieurs *Sterculia* australiens, dits, pour cette raison, *Bottle-trees*.

5. Des cercueils, des caveaux de sépul-
ture, etc. Les Baobabs sont des arbres sacrés
ou fétiches, et servent à suspendre les amu-
lettes, les *grisgris*.

6. PAL. BEAUV., *Fl. ow. et ben.*, II, 42,
t. 83. — MAST., in *Oliv. Fl. trop. Afr.*, I,
213.

7. Au Brésil, le *B. ventricosum* ARRUD. a un
bois si léger, qu'il sert à fabriquer l'énorme
planchette ou botoque que les Indiens *Guaycu-
rus* portent à la lèvre ou aux oreilles, et dont le
poids est peu considérable, relativement au vo-
lume de ce singulier ornement.

8. L., *Spec.*, 976. — *Paritium tiliaceum*
A. JUSS., in *A. S. H. Fl. Bras. mer.*, I, 255.
— *Pariti* RHEED., *Hort. malab.*, I, t. 30.

9. SW., *Fl. ind. occ.*, II, 1144, t. 23. —
DC., *Prodr.*, I, 480. — *Bombax pyramidale*
CAV., *Diss.*, V, 294, t. 155 (vulg. *Patte-de-lièvre*,
aux Antilles). Le bois de l'*O. tomentosum* W.
(vulg. *Balso*, *Palo de balsa*) sert en Colombie
à la fabrication des radeaux légers qui descen-
dent la Magdalena.

Antilles à plusieurs usages économiques et principalement au chauffage[1].
Nous n'insisterons pas sur les nombreuses Malvées ornementales qui sont
cultivées dans nos parterres : *Malva, Lavatera, Callirhoe, Althœa, Sida,
Hibiscus, Malope;* ni sur les belles Ketmies, telles que la Rose de Chine,
les Gombauts, etc., qui font l'ornement de nos serres, avec les *Dombeya*
(surtout les *Astrapœa*), les Lasiopétalées, les *Pentapetes*, *Malvaviscus*,
Abutilon, Pavonia, Gœthea, Gossypium, les *Bombax,* les *Herrania* et
les *Pachira* aux larges feuilles digitées[2] , le *Chiranthodendron* (fig. 103-
105), les *Sterculia, Pterospermum, Quararibea*, et les nombreuses
espèces d'*Hermannia* (fig. 106-115) aux fleurs jaunâtres ou rougeâtres.

1. A Madagascar, le bois rougeâtre et très-
dur du *Sterculia Tavia* H. Bn (in *Adansonia*,
X, 179) sert à fabriquer des pilons pour broyer
le riz; son écorce filamenteuse s'emploie dans
la confection des cordages.

2. En Australie , le *Sterculia acerifolia*
A. Cunn. (*Brachychiton accrifolium* F. Muell.)
paraît devoir ses qualités ornementales à ses
nombreux fruits et à ses fleurs d'un rouge écla-
tant; d'où le nom de *Flame-tree.*

GENERA

I. STERCULIEÆ.

1. **Sterculia** L. — Flores polygami, plerumque 5-meri; calyce sæpius petaloideo, 5-fido v. 5-partito, subcampanulato v. subtubuloso clava-tove, valvato. Corolla 0. Stamina 10-∞; antheris sessilibus, extrorsum rimosis, summæ columnæ erectæ. nunc in alabastro incurvæ, inordi-nate insertis. Carpella 5 (in floribus fœmineis parva sterilia), calycis lobis opposita; germinibus liberis, 2-∞-ovulatis; stylis superne plus minus longe coalitis, apice stigmatoso incrassatis. Fructus carpella distincta stellato-patentia, aut lignosa v. coriacea, intus folliculatim rimosa, aut tenuiora membranacea, cito v. jam ante maturationem dehiscentia patula. Semina 1-∞, nuda v. alata; albumine carnoso, 2-partibili, extus cotyledonibus plus minus adhærente; embryonis crassi cotyle-donibus planis v. plano-convexis, nunc subundulatis; radicula brevi, hilo contraria, proxima v. intermedia laterali. — Arbores; foliis alternis, indivisis, lobatis v. digitatis; stipulis sæpius parvis; floribus in racemos sæpe axillares, simplices v. multo sæpius ramosos, cymiferos, dispositis; flore in cymis singulis centrali sæpe fœmineo præcocioreque. (*Orbis tot. reg. trop. et subtrop.*) — *Vid. p.* 57.

2. **Tarrietia** BL. — Flores fere *Sterculiæ*, 1-sexuales, 5-meri. Stamina 10-15, inordinate congesta. Carpella 3-5, 1-ovulata, matura samaroidea, stellato-patentia, indehiscentia, dorso in alam late falcatam producta. Semina anatropa albuminosa (*Sterculiæ*). — Arbores pro-ceræ; foliis digitatis, 3-5-foliolatis, glabris v. lepidotis; floribus parvis in racemos axillares v. laterales, valde ramosos, cymiferos, dispositis. (*Australia*, *Java.*) — *Vid. p.* 61.

3. Cola Bauh. — Flores fere *Sterculiæ*, 5- v. rarius 4-6-meri ; columna staminea apice antheras 10-15, simplici serie annulatim adnatas, gerente ; loculis parallelis v. superpositis. Carpella 5-15, ∞-ovulata, matura crassa, intus rimosa. Semina ∞ ; embryonis exalbuminosi cotyledonibus crassis ; radicula hilo proxima. — Arbores ; foliis integris v. lobatis ; floribus polygamis, in axillis breviter cymosis ; cymis nunc in racemum compositum dispositis. (*Africa trop.*) — *Vid. p.* 61.

4. Heritiera Ait. — Flores fere *Sterculiæ*, apetali, 1-sexuales ; perianthio campanulato, 4-5-fido v. dentato. Columna staminea tenuis, basi in discum orbicularem dilatata, sub apice antheras paucas (sæpe 5, 6) annulatim adnatas gerens ; loculis parallelis. Stamina in flore fœmineo rudimentaria v. 0. Carpella 4-6, cum perianthii dentibus alternantia, subsessilia ; ovulis 1 v. 2, geminatim adscendentibus ; micropyle extrorsum infera obturata ; stylis brevibus recurvis, apice stigmatoso crassiusculis. Carpella matura lignea v. intus suberosa, dorso carinato-subalata, indehiscentia. Semen 1 ; embryonis exalbuminosi cotyledonibus crassissimis ; radicula hilo proxima. — Arbores lepidotæ ; foliis alternis indivisis penninerviis ; floribus in racemos axillares, nunc valde ramosos, cymiferos, dispositis. (*Asia. Africa or. ins. et Australia trop.*) — *Vid. p.* 61.

5. Tetradia R. Br. — Flores 1-sexuales v. polygami. 3, 4-meri, apetali (*Sterculiæ*). Stamina 4-∞, serie simplici summæ columnæ annulatim adnata. Carpella 4, ∞-ovulata ; stylis totidem, apice stigmatoso recurvis. Fructus... ? — Arbor ; foliis simplicibus subcordatis penninerviis ; floribus axillaribus, solitariis v. breviter racemosis. (*Java.*) — *Vid. p.* 63.

II. HELICTEREÆ.

6. Helicteres L. — Flores hermaphroditi ; calyce tubuloso v. obconico, apice 5-fido ; nunc inæquali, valvato. Corolla (*malvacea*) ; petalis 5, æqualibus v. inæqualibus, basi in unguem elongatis v. (omnibus v. 2, 3) auriculato-appendiculatis ; præfloratione contorta. Stamina summæ columnæ valde elongatæ exsertæque inserta ; anantheris 5. dentiformibus ; fertilibus autem 5, alternis, v. 10, per paria alternantibus· antheris stipitatis v. subsessilibus, extrorsis, 2-locularibus ; loculis rimosis, divaricatis v. nunc confluentibus. Gynæceum summæ columnæ antheriferæ insertum, 5-lobum ; germinibus ∞ - ovulatis ; stylis 5, subulatis, plus minus coalitis, apice plus minus incrassato stigmatosis. Carpella matura secedentia v. soluta, recta (*Orthocarpœa*), v. spiraliter torta (*Spirocarpœa*), intus dehiscentia. Semina ∞, anatropa verruculosa v. sublævia ; albumine parco ; embryonis crassiusculi cotyledonibus foliaceis ; circa radiculam involuto-convolutis. — Arbores v. frutices ; pube stellata v. ramosa ; foliis integris v. serratis stipulaceis ; floribus axillaribus, solitariis v. paucis cymosis. (*Orbis tot. reg. calid.*) — *Vid. p.* 63.

7. **Kleinhovia** L. — Sepala 5, valvata, decidua. Petala torta, æqualia v. leviter inæqualia, cum calyce inserta. Columna elongata, ad apicem leviter dilatata ibique antheras ∞, breviter stipitatas, extrorsas, 2-loculares et cum dentibus 5 brevibus anantheris alternantes, gerens. Gynæceum summæ columnæ impositum ; ovario-5-loculari ; stylo tenui ad apicem stigmatosum 5-fido. Ovula in loculis singulis 4 - ∞, 2-seriata, adscendentia. Capsula membranaceo-inflata vesiculosa, turbinato-5-loba, loculicide 5-valvis. Semina in loculis singulis solitaria v. pauca globosa tuberculata ; embryonis corrugati cotyledonibus subconvolutis ; albumine parco v. 0. — Arbor ; foliis alternis integris, 3-7-nerviis, petiolatis stipulaceis ; floribus in racemum terminalem valde ramosum cymiferum dispositis ; bracteis minutis. (*Asia trop.*) — *Vid. p.* 64.

8. **Pterospermum** SCHREB. — Sepala 5, libera v. basi in calycem tubulosum connata, valvata, decidua. Petala torta, cum calyce inserta, decidua. Columna plus minus elongata, nunc brevis, ad apicem leviter dilatatum staminodia 5 elongata gerens staminaque fertilia sæpius 10-15, per paria v. 3 sinubus alternis inserta ; filamentis linearibus ; antheris erectis linearibus ; connectivo ultra loculos parallelos apiculato. Germen summæ columnæ insertum, 3-loculare ; stylo integro ad apicem clavato-stigmatosum 5-sulco. Ovula in loculis singulis 4 - ∞, adscendentia ; micropyle extrorsum infera. Capsula lignosa v. rarius coriacea, ovoidea, oblonga, subcylindrica v. 5-angulata, loculicide 5-valvis. Semina superne alata ; embryonis corrugati cotyledonibus plicatis ; radicula infera longiuscula ; albumine parco v. 0. — Arbores v. frutices, lepidoti v. stellato-tomentosi ; foliis alternis, basi (sæpius obliqua) 3-7-nerviis ; floribus axillaribus, solitariis v. paucis ; bracteis 3 v. ∞ (*Sczegleewia*), stipuliformibus, integris v. laciniatis, sub flore insertis. (*Asia trop.*) — *Vid. p.* 65.

9 ? **Eriolæna** DC. — Calyx 5-fidus v. 5-partitus, valvatus. Petala 5, alterna, cum calyce inserta; unguibus dilatatis. Columna brevis v. brevissima, stamina ∞, 1-adelpha, gerens; filamentis plus minus alte in tubum connatis, ad apicem inæquali-liberis; antheris erectis oblongo-linearibus; loculis parallelis, rimosis; staminodiis 0. Germen brevissime stipitatum, 4-12-loculare; stylo ad apicem stigmatosum stellatim 4-12-lobo. Ovula ∞, adscendentia; micropyle extrorsum infera. Capsula lignosa, loculicida. Semina ∞, superne alata; embryonis parce albuminosi cotyledonibus plicatis v. contortuplicatis; radicula infera. — Arbores stellato-pubescentes v. tomentosæ; foliis alternis petiolatis cordatis; floribus axillaribus solitariis v. cymosis; bracteis 3-5, nunc laciniatis. (*Asia trop.*) — *Vid. p.* 65.

10. **Reevesia** LINDL. — Calyx subclavatus, valvatus, inæquali-3-5-fidus. Petala 5, unguiculata, torta, cum calyce inserta. Columna erecta ad apicem antherifera; antheris 10-∞, capitatis; loculis extrorsis divaricatis, rimosis. Germen summæ columnæ impositum, 5-loculare; stylo brevissimo, 5-lobo, stigmatoso. Ovula in loculis singulis 2, adscendentia; micropyle extrorsum infera. Capsula lignosa, loculicide 5-valvis. Semina in loculis 1, 2, adscendentia, supra alata; embryonis recti cotyledonibus foliaceis planis; radicula brevi infera; albumine carnoso. — Arbores; foliis alternis integris petiolatis; floribus crebris in racemos compositos cymiferos terminales dispositis; bracteis bracteolisque parvis, sæpius a flore remotis. (*Asia trop. et subtrop.*) — *Vid. p.* 66.

11. **Ungeria** SCHOTT et ENDL. — Calyx clavato-campanulatus, valvatus, 5-fidus. Petala 5, cum calyce inserta, unguiculata, torta. Stamina ut in *Reevesia*. Germen summæ columnæ insertum, 5-loculare; stylis 5, brevibus, ad apicem stigmatosis. « Ovula in loculis solitaria. » Capsula subalato-5-angularis, coriaceo-lignosa. « Semina ovato-globosa; embryone recto; albumine copioso. » — Arbor; foliis alternis simplicibus petiolatis; floribus in racemos densos cymiferos dispositis; bracteolis parvis a flore remotis. (*Ins. Norfolk.*) — *Vid. p.* 66.

III. DOMBEYEÆ.

12. **Dombeya** CAV. — Flores hermaphroditi, sæpius 5-meri; calyce 5-partito, valvato, demum reflexo. Petala 5, inæquilatera, torta, sæpius

persistentia, demum pergamentacea v. scariosa. Stamina 15-30 (v. rarius ultra); filamentis basi in columnam, nunc cupulatam, nunc elongato-tubulosam, connatis; sterilibus 5, liguliformibus, oppositipetalis; fertilibus 10-25, per paria v. sæpius per 3-5 cum staminodiis alternantibus; antheris extrorsis, 2-locularibus, 2-rimosis. Germen liberum; loculis 5, alternipetalis, v. rarius 2–4; ovulis in loculis singulis 2, adscendentibus; micropyle extrorsum infera; stylo plus minus alte in ramos 5, apice stigmatosos, diviso. Capsula 2-5-locularis, loculicida. Semina in loculis singulis 1, 2, adscendentia; embryonis albuminosi cotyledonibus foliaceis, 2-partitis; radicula infera. — Frutices v. arbusculæ; foliis alternis stipulaceis, palminerviis, sæpe cordatis; floribus in cymas axillares v. terminales, laxas v. capitatas, corymbiformes v. umbellatas, dispositis; inflorescentia nunc (*Astrapæa*) bracteis latis involucrata; bracteolis 3, sub floribus singulis 1-lateralibus, caducis, nunc (*Assonia*) connatis. (*Africa trop. et austr. cont. et ins. or., Asia trop.?*) — Vid. p. 66.

13. **Trochetia** DC. [1] — Flores fere *Dombeyæ*; sepalis coriaceis. Stamina fertilia inter staminodia 2 – ∞, rarius 5 [2]; loculis parallelis. Germen 3-5-loculare; loculis 2- v. sæpius ∞– ovulatis; styli ramis crassis, apice stigmatoso radiantibus. Capsula loculicide 5-valvis; loculis 2 – ∞ – spermis. — Frutices v. arbores parvæ; foliis alternis integris coriaceis; floribus [3] axillaribus solitariis v. paucis (sæpe 3), nunc ∞, cymosis, sæpe pendulis. (*S. Helena* [4], *ins. afric. trop. or.* [5])

14? **Astiria** LINDL. [6] — Flores *Dombeyæ*; staminibus 20, fertilibus omnibus; filamentis basi in tubum breviter cupulatum connatis; antheris stipitatis erectis; loculis parallelis. Cætera *Dombeyæ*. — Arbor stellato-tomentosa; foliis amplis cordatis (*Dombeyæ*); floribus [7] in cymas compositas axillares pedunculatas dispositis. (*Borbonia* [8].)

15. **Ruizia** CAV. [9] — Flores fere *Dombeyæ*; staminibus 20–30,

1. DC., in *Mém. Mus.*, X, 106, t. 7, 8; *Prodr.*, I, 499. — TURP., in *Dict. sc. nat.*, Atl., t. 145. — ENDL., *Gen.*, n. 5351. — B. H., *Gen.*, 222, 983, n. 17.

2. « In spec. helenicis. » (B. H.)

3. Majusculis, speciosis, sæpe albis v. lutescentibus.

4. Spec. 2, quæ nunc ibidem extinctæ dicuntur.

5. *Bot. Reg.* (1844), t. 21. — *Bot. Mag.*,

t. 1000. — BOJ., *Hort. maur.*, 41. — H. BN, in *Adansonia*, X, 108. — WALP., *Rep.*, V, 114.

6. *Bot. Reg.* (1844), t. 49. — B. H., *Gen.*, 221, n. 14.

7. Roseis.

8. Spec. 1. *A. rosea* LINDL., *loc. cit.* — WALP., *Rep.*, V, 113.

9. *Diss.*, III, 117, t. 36, 37. — J., *Gen.*, 275. — DC., *Prodr.*, I, 497. — ENDL., *Gen.*, n. 5342. — B. H., *Gen.*, 221, n. 13.

fertilibus omnibus. Germen sessile, 10-loculare ; ovulis in loculis singulis 2, adscendentibus ; micropyle extrorsum infera ; styli ramis 10, brevibus. Carpella matura 10, in capsulam subgloboso – depressam verticillata, maturitate secedentia et angulo centrali aperta, 1, 2-sperma. —Frutices ; foliis palminerviis, subintegris, lobatis v. dissectis [1] ; floribus in cymas ramosas pedunculatas axillares dispositis, 3-bracteolatis [2]. (*Ins. Mascaren.* [3])

16. **Pentapetes** L. [4] — Flores fere *Dombeyæ ;* antheris inter staminodia ligulata fertilibus 2, 3, erectis. Germen sessile ; loculis ∞-ovulatis ; stylo elongato integro, apice stigmatoso leviter incrassato. Capsula loculicida ; placentis nerviformibus plumosis, sæpe solutis. Semina ∞ (*Dombeyæ*). — Herba ; foliis hastatis, ad apicem angustatis ; floribus axillaribus solitariis breviter pedunculatis ; bracteolis 3, 1-lateralibus, caducis. (*Asia trop.* [5])

17. **Cheirolæna** BENTH. [6] — Calyx 5-partitus, extus lepidotus, valvatus. Petala 5, plana, lata, torta, cum columna staminea brevi adnata, decidua v. caduca. Stamina 15-20 ; exterioribus 10-15, fertilibus (quorum 5, interiora longiora alternipetala [7]) ; filamentis columnæ tubulosæ extus adnatis ; antheris extrorsis, 2-locularibus, 2-rimosis ; interioribus 5, oppositipetalis petaloideis. Germen sessile ; loculis 5, alternipetalis ; ovulis in loculis singulis 2- ∞ , angulo centrali insertis, adscendentibus ; micropyle extrorsum infera ; stylis 5, in columnam centralem coalitis, demum ab apice plus minus alte solutis, apice leviter dilatato stigmatosis. Capsula calyce basi cincta, extus lepidota, loculicide 5-valvis ; loculis 1-6-spermis ; seminibus albuminosis ; embryonis carnosuli cotyledonibus plicatis, 2-partitis. — Suffrutex ; foliis alternis linearibus integris, subtus lepidotis ; stipulis lineari-subulatis ; floribus paucis (2, 3) in cymas racemiformes pedunculatas axillares terminalesque dispositis ; bracteis 0 ; calyculo sub flore e brac-

1. Subtus tomentosis albidis.
2. Gen. nisi loculorum ovarii numero ab *Astiria* distinguendum.
3. Spec. 2, 3. JACQ., *Hort. schœnbr.*, III, 24, t. 295. — WALP., *Rep.*, II, 797.
4. *Gen.*, n. 834. — DC., *Prodr.*, I, 498. —ENDL., *Gen.*, n. 5343. — B. H., *Gen.*, 222, n. 18. — *Moranda* SCOP., *Introd.*, n.1312. —? *Erioraphe* MIQ., in *Pl. Jungh.*, I, 289.

5. Spec. 1, in orbis tot. reg. calid. introd., scil. *P. phœniceu* L., *Spec.*, 958. — MILL., *Icon.*, t. 200. — KER, in *Bot. Reg.*, t. 575. — *Dombeya phœnicea* CAV., *Diss.*, III, t. 43, fig. 1.
6. *Gen.*, 222, n. 16.
7. Breviora autem 5-10, præcedentibus exteriora, aut singula nut per paria petalis opposita.

tcolis 3, inciso-digitatis v. subpinnatim 3–fidis, constante [1]. (*Mada-qascaria* [2].)

18 ? **Melhania** Forsk. [3] — Flores *Dombeyœ ;* staminibus inter stami-nodia solitariis ; filamentis in cupulam brevissimam connatis ; antheris extrorsis elongatis ; loculis parallelis. Germen 5-loculare ; loculis 1 – ∞ - ovulatis ; styli ramis 5, patentibus, intus stigmatosis. Cætera *Dombeyœ* (v. *Trochetiœ*). — Herbæ v. suffrutices molliter tomentosi [4]; foliis ovatis v. cordatis serrato-crenatis ; floribus axillaribus v. latera-libus pedunculatis, solitariis v. paucis cymosis ; singulis bracteolis 3, cordatis v. linearibus, calyce sæpe longioribus, persistentibus, basi munitis [5]. (*Asia et Africa calid., Australia trop.* [6])

IV. CHIRANTHODENDREÆ.

19. Chiranthodendron Larreat. — Flores regulares apetali ; calyce (colorato) subcampanulato profunde 5-fido ; laciniis crassis coriaceis v. subpetaloideis (*Fremontia*), basi foveolatis ; præfloratione imbricata. Stamina 5, cum calycis laciniis alternantia ; filamentis basi in colum-nam plus minus obliquam et 5-fidam connatis ; ramis extus canalicu-latis antheræque loculos margini adnatos distinctos et extrorsum rimosos gerentibus ; connectivo apiculato v. mutico. Germen 5-loculare ; loculis cum staminibus alternantibus, ∞ – ovulatis; stylo apice acuto stigmatoso. Capsula loculicide 5-valvis ; seminibus ∞ ; testa crustacea nitida, arillo parvo carnoso inter hilum chalazamque margine munita ; albumine carnoso ; embryonis interioris cotyledonibus planis ; radicula brevi crassa. — Arbores v. frutices stellato–tomentosi v. pubescentes ; foliis alternis cordatis lobatis stipulaceis ; floribus pedunculatis, oppositifoliis

1. Affinit. quamd. cum *Eriolœna* indic. cl. Bentham.

2. Spec. 1. *C. linearis* Benth., in insul. Mauritio, ex auct. lecta, sed omnia specimina apud nos servata et a Dupetit-Thouars, Bojer, Richard, Bernier et Boivin lecta, madagasca-riensia certe sunt.

3 *Fl. æg.-arab.*, 64.—DC., *Prodr.*, 1, 499, § 2. — Endl., *Gen.*, n. 5348. — H. Bn, in *Payer Fam. nat.*, 288. — B. H., *Gen.*, 222, n. 19. — *Brotera* Cav., in *Ann. cienc. nat.*, I, 33 (part.); *Icon.*, V, 19, t. 433. — Endl., *Gen.*, n. 5344. — *Sprengelia* Schult., *Obs. bot.*, 134.— *Pentaglottis* Wall., *Cat.*, n. 1156.

— *Cardiostegia* Presl, *Epimel. bot.*, 249. — *Vialia* Vis. (ex *Linnœa*, XV, *Littb.*, 103).

4. Habitu *Hermanniis* et *Melochiis* nonnullis, necnon *Sidis* et *Hibiscis* (sect. *Senrœ*) similes.

5. Gen. a *Trochetia* (ob spec. helenic. 5-an-dras) vix distinctum.

6. Spec. ad 15. Wall., *Pl. as. rar.*, t. 77. — Wight, *Icon.*, t. 23. — Andr., in *Bot. Rep.*, t. 389 (*Dombeya*). — Guillem. et Perr., *Fl. Seneg. Tent.*, I, 85, t. 17. — Hook. f., *Niger*, t. 4, 5. — Harv. et Sond., *Fl. cap.*, I, 221. — Benth., *Fl. austral.*, I, 234. — *Bot. Mag.*, t. 100. — Walp., *Rep.*, I, 439; II, 798; *Ann,*, I, 109; II, 167; IV, 327; VII, 424.

v. lateralibus, solitariis v. paucis cymosis ; bracteolis 3, sub flore insertis. (*Mexico*, *California*.) — *Vid. p.* 68.

V. HERMANNIEÆ.

20. **Hermannia** L. — Flores regulares ; receptaculo leviter convexo. Calyx gamosepalus, 5-fidus, valvatus v. leviter reduplicatus. Petala 5, torta, marcescentia v. decidua ; limbis sæpe inæqualibus ; unguibus cavis. Stamina 5, oppositipetala ; filamentis basi nunc connatis oblongis v. superne dilatatis, nunc (*Mahernia*) basi attenuatis, versus medium dilatatis ibique extus nonnunquam papillosis ; antheris extrorsis ; loculis rima plus minus longa ab apice dehiscentibus. Germen sessile v. substi- pitatum ; loculis 5, alternipetalis, ∞ – ovulatis ; stylis totidem, basi plus minus coalitis, intus concavis, apice haud v. vix incrassato stigmatosis. Capsula loculicide 5-valvis, apice nuda v. cornuta ; seminibus ∞ , reni- formibus ; embryonis albuminosi arcuati cotyledonibus oblongis. — Herbæ, suffrutices v. fruticuli ; pube sæpius stellata ; foliis dentatis v. incisis ; stipulis foliaceis majusculis, nunc parvis v. 0 ; floribus in cymas simplices v. compositas, nunc 1-paras, terminales, laterales v. spurie subaxillares, dispositis. (*Africa trop. et austr.*, *Arabia*, *Mexico*, *Texas*.) — *Vid. p.* 71.

21. **Melochia** L. — Flores fere *Hermanniæ ;* calyce subcampanulato v. inflato, nunc demum valde vesiculoso (*Physodium, Physocodon*). Petala 5, nunc marcescentia. Stamina 5, oppositipetala ; antheris extrorsis, v. nunc 10 ; alternipetalis 5, parvis dentiformibus. Germen sessile v. breviter stipitatum ; loculis 5, oppositipetalis, rarius 4, v. raris- sime 2 (*Dicarpidium*) ; ovulis in loculis singulis 2, adscendentibus ; micropyle extrorsum infera. Capsula loculicida, nunc angulato-pyrami- data (*Eumelochia*) ; carpellis non v. vix secedentibus ; sæpius subglo- bosa ; carpellis nunc 2 (*Dicarpidium*), v. sæpius 4, 5, facilius solubilibus v. maturitate secedentibus (*Riedleia, Mougeotia*). Semina adscendentia, nunc alata (*Visenia*) ; embryonis plus minus albuminosi cotyledonibus planis ; radicula infera. — Herbæ, suffrutices, frutices v. raro arbores ; foliis subovatis v. cordatis, integris v. serratis ; stipulis sæpius parvis v. 0 ; floribus lateralibus spurieque axillaribus, secus ramulum plus minus alte connatis elevatisque, solitariis v. cymosis, nunc terminalibus

lateque cymoso-paniculatis (*Physodium, Visenia*) ; bracteis bracteolisque parvis v. minimis. (*Orbis tot. reg. calid.*) — *Vid. p.* 73.

22. **Waltheria** L. — Flores fere *Melochiæ ;* staminodiis 0. Germen sessile, 1-carpicum, 1-loculare ; ovulis 2, adscendentibus ; micropyle extrorsum infera ; stylo excentrico simplici, ad apicem stigmatosum clavato v. fimbriato. Capsula 1-sperma, dorso 2-valvis ; seminis adscendentis albuminosi embryone recto (*Melochiæ*). — Herbæ, suffrutices v. rarius arbores ; pube simplici stellataque ; foliis serratis ; stipulis angustis ; floribus axillaribus cymosis v. glomeratis ; cymis nunc ad summos ramos in spicam v. racemum simplicem compositumve dispositis. (*Orbis tot. reg. trop.*) — *Vid. p.* 74.

VI. BUETTNERIEÆ.

23. **Buettneria** LOEFL. — Flores hermaphroditi ; receptaculo convexiusculo. Calyx 5-fidus, valvatus v. reduplicatus. Petala 5, alterna, basi unguiculata, mox in cucullum 2-lobum, apice inflexum et margine intus cum urceolo stamineo coalitum, dilatata, superne in ligulam elongatam, integram v. 3-fidam, producta. Stamina 10, basi in urceolum connata ; sterilia 5, alternipetala crassa v. subglandulosa, apice attenuata v. truncata ; fertilia autem 5, oppositipetala, breviter stipitata ; antheræ basi articulatæ loculis 2 (v. rarius 3), lateralibus v. extrorsis, longitudinaliter rimosis. Germen superum sessile ; loculis 5, oppositipetalis ; stylo ad apicem stigmatosum subintegro v. plus minus alte 5-fido v. 5-lobo ; ovulis in loculis singulis 2, ad basin anguli interni insertis, adscendentibus ; micropyle extrorsum infera. Capsula subglobosa echinata ; carpellis maturis secedentibus, intus 2-valvibus, 1-spermis. Semina exalbuminosa ; embryonis carnosuli cotyledonibus summæ tigellæ reflexis et eam circa spiraliter valde convolutis. — Suffrutices erecti v. scandentes, sarmentosi ; ramis sæpe angulatis aculeatis ; foliis alternis stipulaceis, forma variis, nunc sagittatis ; floribus parvis in cymas pedunculatas, sæpius umbellatas, dispositis ; pedunculo ad folia laterali cum ramulo connato plus minus elevato. (*Orbis tot. reg. trop.*) — *Vid. p.* 75.

24 ? **Ayenia** L. [1] — Flores fere *Buettneriæ ;* petalorum cucullo dorso nudo v. glandula stipitata aucto. Stamina 5, inter lobos androcæi steriles solitaria ; antherarum loculis 3 [2]. Germen, ovula, capsula seminaque fere *Buettneriæ.* — Herbæ v. suffrutices, pilis stellatis hirsuti, tomentosi v. glabrescentes; foliis serratis; floribus in cymas axillares v. laterales dispositis [3]. (*America calid.* [4])

25. **Commersonia** FORST. [5] — Flores fere *Buettneriæ ;* petalis basi late concavis, superne ligulatis. Staminodia alternipetala, 3-fida v. 3-nata elongata ; antherarum fertilium loculis 2, divaricatis. Germen 5-loculare ; ovulis adscendentibus in loculis singulis 2-6 (v. rarius ultra), 2-seriatis; stylis distinctis v. plus minus alte coalitis. Capsula loculicida, setis plerumque flaccidis echinata ; seminibus adscendentibus; embryonis albuminosi cotyledonibus foliaceis. — Arbores v. frutices; foliis sæpe basi obliquis, nunc cordatis, incisis v. dentatis ; floribus [6] in cymas, sæpius valde ramosas, axillares, laterales, suboppositifolias v. rarius terminales, dispositis. (*Asia et Australia trop.* [7])

26 ? **Rulingia** R. BR. [8] — Flores fere *Commersoniæ ;* petalis basi late concavis, lateraliter subauriculatis, superne (nunc breviter) ligulatis. Staminodia 5, alternipetala ligulata, conniventia v. patentia. Germen sessile ; loculis oppositipetalis, nunc ad apicem liberis ; stylis plus minus connatis v. coalitis ; ovulis in loculis singulis 2, adscendentibus ; micropyle extrorsum infera. Capsula tomentosa v. echinata, nunc molliter setosa, loculicide 5-valvis, v. carpellis secedentibus, 2-valvibus, 1-spermis. Semina adscendentia arillata ; embryonis albuminosi cotyledonibus pla-

1. *Gen.*, n. 1020. — J., *Gen.*, 278. — GÆRTN., *Fruct.*, I, 302, t. 79. — DC., *Prodr.*, I, 487. — ENDL., *Gen.*, n. 5332. — B. H., *Gen.*, 225, n. 31. — *Dayenia* MILL., *Icon.*, t. 118.

2. An antheræ 2; altero 2-loculari; altero 1-loculari? An antheræ 3, 1-loculares confluentes ?

3. Gen. vix a *Buettneria* (nisi habitu) distinguendum, cujus forsan melius pro sect. haberetur.

4. Spec. 7, 8. CAV., *Diss.*, V, 289, t. 147. — LŒFL., *It.*, 200. — TR. et PL., in *Ann. sc. nat.*, sér. 4, XVII, 333. — WALP., *Rep.*, II, 796; *Ann.*, IV, 323 ; VII, 431.

5. *Char. gen.*, 43, t. 22. — J., *Gen.*, 428. — GÆRTN., *Fruct.*, II, 79, t. 94. — LAMK, *Ill.*, t. 218. — A. S. H., in *Ann. sc. nat.*, sér. 1, VI, 134. — J. GAY, in *Mém. Mus.*, X, 205,

t. 14, 15. — DC., *Prodr.*, I, 486. — SPACH, *Suit. à Buffon*, III, 487. — ENDL., *Gen.*, n. 5329. — B. H., *Gen.*, 226, 984, n. 34. — H. BN, in *Payer Fam. nat.*, 292.

6. Parvis, crebris.

7. Spec. 7, 8. RUMPH., *Herb. amboin.*, III, t. 119 (*Restiaria*)? — H. B. K., *Nov. gen. et spec.*, V, 311, not. — A. S. H., *Fl. Bras. mer.*, I, 140, not. — ANDR., in *Bot. Repos.*, t. 519. — GUILLEM., in *Ann. sc. nat.*, sér. 2, VII, 365. — SEEM., *Fl. vit.*, 25. — BENTH., *Fl. austral.*, I, 241. — *Bot. Mag.*, t. 1813. — WALP., *Rep.*, II, 795 ; V, 110; *Ann.*, I, 107 ; IV, 322 ; VII, 433.

8. In *Bot. Mag.*, t. 2191, 3182. — A. S. H., *Fl. Bras. mer.*, I, 140, not. — ENDL., *Gen.*, n. 5328. — H. BN, in *Adansonia*, IX, 342. — B. H., *Gen.*, 226, 983, n. 33. — *Achilleopsis* TURCZ., in *Bull. Mosc.* (1849), II, 165.

nis. — Frutices v. suffrutices; pube stellata; foliis integris, dentatis v. lobatis; floribus[1] ut in *Commersonia* dispositis[2]. (*Australia*[3], *Madagascaria*[4].)

27. **Theobroma** L. — Flores hermaphroditi; calyce 5-fido v. 5-partito, valvato. Petala 5, breviter unguiculata, mox cucullato-concava supraque cucullum inflexum in laminam spathulatam, basi angustatam, producta; præfloratione torta. Stamina basi in urceolum brevem connata; sterilibus 5, alternipetalis, linearibus v. lanceolatis; fertilibus per paria oppositipetalis; singularum loculis lateralibus, extrorsum rimosis; v. rarius 3-natis; loculis 6; omnibus filamento eodem erecto stipitatis. Germen 5-loculare; loculis oppositipetalis, ∞ – ovulatis; ovulis 2-seriatis; stylis filiformibus, plus minus alte connatis, apice haud v. vix incrassato stigmatosis. Fructus baccatus, demum siccatus suberoso-lignosus, longitudinaliter 5-10-costatus, indehiscens. Semina ∞, in pulpa nidulantia; embryonis ampli carnosuli cotyledonibus crassis lobulato-corrugatis; radicula cylindrica brevi; albumine 0 v. inter plicas embryonis parco mucilagineo. — Arbores; foliis alternis amplis simplicibus oblongis indivisis, penninerviis v. basi 3-5-nerviis; stipulis parvis; floribus axillaribus v. lateralibus in ligno ortis, solitariis v. cymosis, nunc racemoso-cymosis, paucis v. ∞. (*America calidior.*) — *Vid. p.* 77.

28 ? **Herrania** Goud.[5] — Flores fere *Theobromatis;* calyce 3-5-fido. Petala 5, apice inflexa, in ligulam linearem ante explicationem circinato-involutam, nunc longissimam, producta. Cætera *Theobromatis.* — Arbores; trunco coma frondosa palmiformi coronato; foliis amplis, digitatim foliolatis; inflorescentia (*Theobromatis*) e trunco orta. (*America calidior.*[6])

1. Parvis, sæpius albidis.
2. Gen., imprim. specieb. petalis brevius ligulatis, *Buettnerieas* veras cum *Lasiopetaleis* arcte connectens, et ab his nonnunquam ægre distinguend.
3. Spec. ad 13. J. Gay, in *Mém. Mus.*, X, t. 12, 13 (*Buettneria*). — Steetz, in *Pl. Preiss.*, II, 352. — Endl., in *Hueg. Enum.*, 12. — Turcz., in *Bull. Mosc.* (1852), II, 151. — F. Muell., *Fragm.*, I, 68. — Benth., *Fl. austral.*, I, 237. — *Bot. Mag.*, t. 3182. — Walp., *Rep.*, I, 337; *Ann.*, II, 165; VII, 432.

4. Spec. 1, imperf. cognita.
5. In *Ann. sc. nat.*, sér. 3, II, 230, t. 5.— B. H., *Gen.*, 225, n. 29. — H. Bn, in *Adansonia*, IX, 340. — *Brotobroma* Karst. et Tr., *Fl. granad.*, 11 (ex *Linnæa*, XXVIII, 446). — *Lightia* Schomb. (ex Tr.).
6. Spec. 4? Mart., in *Denkschr. Regensb. Bot. Ges.*, III, t. 8, 9 (*Abroma*). — Schomb., in *Linnæa*, XX, 756. — Tr. et Pl., in *Ann. sc. nat.*, sér. 4, XVII, 337. — Walp., *Rep.*, V, 111; *Ann.*, I, 959; VII, 430.

29? **Guazuma** PLUM. [1] — Flores fere *Theobromatis ;* petalis basi unguiculato-cucullatis inflexis ; lamina ligulata lineari profunde 2-fida. Stamina fertilia staminodiis interposita, 2, 3-nata. Capsula subglobosa lignosa, tuberculato-muricata v. nunc setis longissimis molliter plumosis valde echinata, ab apice plus minus alte loculicide 5-valvis. Seminis albuminosi embryo curvatus ; cotyledonibus foliaceis inflexoplicatis. — Arbores glabræ v. pube stellata tomentosæ ; foliis sæpius obliquis inæquali-dentatis ; floribus [2] axillaribus v. lateralibus cymosis [3]. (*America trop.* [4])

30. **Scaphopetalum** MAST. [5] — Calyx 5-fidus v. nunc irregulariter 2-partitus, valvatus. Petala 5, cucullato-concava exappendiculata subinduplicata. Stamina in urceolum apice late apertum, 10-dentatum, connata ; lobis ananytheris alternipetalis rotundatis reflexis ; antheris 3, sessilibus, oppositipetalis, 2-locularibus ; loculis divaricatis, plus minus inordinate congestis [6], extrorsum rimosis. Germen sessile, 5-loculare ; stylis in conum subulatum connatis, apice minute stigmatosis ; loculis ∞-ovulatis [7]. Fructus... ? — Arbusculæ ; foliis alternis petiolatis oblongis integris ; floribus [8] in cymas e ligno enatas dispositis pedunculatis, nunc longissimis v. axillaribus brevibus. (*Africa trop. occ.* [9])

31. **Leptonychia** TURCZ. [10] — Sepala 5, reduplicato-valvata. Petala totidem alterna, paulo altius inserta, brevia concava crassiuscula, valvata. Stamina 15-∞, basi in urceolum brevem connata, quorum sterilia 5, ananthera parva, interiora, alternipetala ; cætera autem phalanges 5, oppositipetalas formantia ; in singulis fertilia 2 ; filamentis elongato-subulatis ; antherarum loculis 2, extrorsum sublateralibus, 2-rimosis ;

---

1. *Gen.*, 36, t. 18. — J., *Gen.*, 276. — DC., *Prodr.*, I, 487. — ENDL., *Gen.*, n. 5334. — H. BN, in *Payer Fam. nat.*, 291. — B. H., *Gen.*, 225, n. 30. — *Bubroma* SCHREB., *Gen.*, 513. — *Diuroglossum* TURCZ., in *Bull. Mosc.* (1852), II, 157.

2. Parvis, sæpe crebris.

3. An *Theobromatis* sect. (?)

4. Spec. ad 5. CAV., *Icon.*, t. 299. — H. B. K., *Nov. gen. et spec.*, V, 320. — A. S. H., *Pl. us. Bras.*, t. 47, 48 ; *Fl. Bras. mer.*, I, 147. — WIGHT, *Ill.*, t. 31. — POEPP. et ENDL., *Nov. gen. et spec.*, III, t. 283. — GRISEB., *Fl. brit. W.-Ind.*, 90. — TR. et PL., in *Ann. sc. nat.*, sér. 4, XVII, 335. — WALP., *Rep.*, I, 340 ; V, 112 ; *Ann.*, VII, 431.

5. In *Journ. Linn. Soc.*, X, 27. — B. H., *Gen.*, 983, n. 30 a.

6. An antheræ 6, 1-locul. (?)

7. Ovulis « amphitropis » in flore adulto 1-seriatis.

8. « Flavis.» In *L. longepedunculata* MAST., pedunculi hinc inde filamentis (radicellis (?) v. pedicellis abortivis (?) onusti.

9. Spec. 3. MAST., in *Oliv. Fl. trop. Afr.*, I, 236.

10. In *Bull. Mosc.* (1858), I, 222. — B. H., *Gen.*, 237, n. 25, 983, n. 30 b. — OUDEM., in *Compt. rend. Ac. sc.*, sér. 2, I, tab. — BOCQ., in *Adansonia*, VII, 35. — *Binnendykia* KURZ, in *Nat. Tijd. v. Ned. Ind.*, ser. nov., III, 164.

præcedentibus exteriora 2-4, ananthera. Germen liberum ; loculis 5, oppositipetalis, v. rarius 3, 4, ∞ - ovulatis ; stylo gracili subulato, apice stigmatoso haud incrassato, plus minus 3-5-fido. Fructus capsularis, loculicide 3-5-valvis ; seminibus arillatis ; embryonis recti cotyledonibus crasse foliaceis obscure lobatis, 3-costatis; albumine corneo. — Frutices v. arbores parvæ ; foliis alternis integris penninerviis, basi nunc 3-nerviis; stipulis minimis v. caducissimis; floribus[1] in cymas axillares breves. sæpe paucifloras, dispositis. (*Africa trop. occ., Archip. ind.* [2])

32. **Abroma** JACQ. [3] — Calyx 5-partitus. valvatus. Petala 5 ; ungue dilatato concavo, intus late glandulifero, lineis prominulis verticalibus (coloratis) percurso ; lamina stipitata, nunc spathulata, demum patente ; præfloratione torta. Stamina in urceolum connata ; lobis anantheris 5, alternipetalis, nunc obcordatis ; antheris oppositipetalis inter staminodia 2-4, superpositis ; loculis 2, divaricatis (altero nunc abortivo). Germen sessile, loculis 5, ∞ - ovulatis ; stylis 5, in tubum, nunc apice dilatatum, conniventibus, apice stigmatosis. Capsula membranacea, late 5-angulato-subalata, apice truncata, compresso-5-cornuta, demum superne breviter loculicida et septicida [4]. Semina ∞ ; embryonis albuminosi recti cotyledonibus planis cordatis ; radicula cylindro-conica. — Arbusculæ pluricaules ; pube molli stellata ; foliis subintegris v. palmatilobis ; floribus [5] solitariis v. sæpius cymosis pedunculatis, terminalibus, nunc spurie oppositifoliis. (*Asia et Australia trop.* [6])

33? **Maxwellia** H. BN [7]. — Flores regulares; receptaculo parvo planiusculo. Sepala 5, 3-angularia crassa, reduplicato-valvata. Petala 5, alterna minute linguiformia arcuata carnosula. Stamina 10, fertilia omnia, per paria oppositipetala ; filamentis brevibus erectis, apice 2-natim 2-antheriferis; antherarum lateralium loculis 2, discretis, longitudine lateraliter rimosis. Germen liberum elongato-fusiforme, 3-5-angulatum ; placentis totidem parietalibus, intus prominulis,

1. Albis.
2. Spec. 4, quarum afric. 2. MAST., in *Oliv. Fl. trop. Afr.*, ·I, 238. — WALP., *Ann.*, VII, 449.
3. *Hort. vindob.*, III, t. 1. — J., *Gen.*, 276. — GÆRTN., *Fruct.*, I, 306, t. 64. — DC., *Prodr.*, I, 485. — ENDL., *Gen.*, n. 5330. — B. H., *Gen.*, 225, 983, n. 27. — *Ambroma* L. F., *Suppl.*, 341. — LAMK, *Dict.*, I, 126 ; *Ill.*, t. 636, 637. — *Hastingia* KOEN. (ex ENDL.).

4. Dissepimentis ad angulum internum piloso-plumosis.
5. « Sordide purpureis. »
6. Spec. 2, 3. R. BR., in *Ait. Hort. kew.*, ed. 2, IV, 409. — SALISB., *Par. lond.*, t. 102. — H. B. K., *Nov. gen. et spec.*, V, 318. — BENTH., *Fl. austral.*, I, 236. — MIQ , *Fl. ind.-bat.*, I, p. II, 183. — WALP., *Rep.*, I, 337 (part.) ; *Ann.*, IV, 322 ; VII, 429.
7. In *Adansonia*, X, 98.

demum intus contiguis v. discretis; ovulis in placentis singulis ∞,
2-seriatim adscendentibus; micropyle extrorsum infera; stylo gracili,
apice in lacinias 3-5, stigmatosas diviso. Fructus calyce haud aucto basi
munitus, oblongus subalato-3-5-angulatus; pericarpio intus coriaceo-
suberoso. Semina ∞, locellis incompletis immersa, adscendentia; testa
crustacea; albumine copioso carnoso; embryonis axilis recti cotyledonibus foliaceis ellipsoideis; radicula longiore infra ad apicem obtusum
subclavata. — Arbor lepidota; foliis alternis simplicibus ovato-obtusis,
orbicularibus v. transverse ellipticis, rarius subreniformibus, coriaceis
crassis penninerviis, basi 3-plinerviis; floribus in racemos compositos
dispositis; ramis compressiusculis v. angulatis [1]. (*N.-Caledonia* [2].)

34. Glossostemon Desf. [3] — Calyx profunde 5-lobus, valvatus.
Petala 5, basi concava, lanceolato-oblonga, apice longe acuminata, in
alabastro inflexa. Stamina ∞, in fasciculos 5, alternipetalos, disposita;
fasciculis singulis staminodio anguste petaloideo lanceolato terminatis,
extus antheras ∞ (plerumque 6), extrorsum 2-loculares, 2-rimosas,
gerentibus. Germen sessile, 5-angulatum; stylis brevibus 5, plus minus
conniventibus v. connatis, apice stigmatosis; loculis 5, oppositipetalis,
∞-ovulatis. Capsula 5-locularis polysperma, extus valde echinata,
demum loculicide septicideque dehiscens. Semina subpisiformia glabra;
embryonis (parce albuminosi?) cotyledonibus foliaceis contortuplicatis
— Frutex stellato-tomentosus; foliis alternis amplis palminerviis dentatis; floribus [4] in racemos terminales, valde ramosos cymiferos corymbiformes, dispositis. (*Persia* [5].)

VII. LASIOPETALEÆ.

35. Lasiopetalum Sm. — Flores hermaphroditi; receptaculo parvo
convexiusculo v. depresso. Calyx sæpe coloratus, 5-partitus v. 5-fidus,

1. Gen. anomal., foliis, ut videtur *Pimia*,
simul et petalis minutis *Lasiopetaleis* nonnullis
valde affine, ab omnibus differt antheris ante
petala singula (minima arcuata subhyalina) haud
solitariis receditque a cæteris *Buettneries* staminodiorum defectu.
2. Spec. 1. *M. lepidota* H. Bn, loc. cit.,
100.

3. In *Mém. Mus.*, III, 238, t. 11. — DC.,
Prodr., I, 485. — H. B. K., *Nov. gen. et
spec.*, V, 311, not. — Endl., *Gen.*, n. 5350.
— B. H., *Gen.*, 224, n. 26. — Mast., in
Journ. Linn. Soc., X, 17. — H. Bn, in *Adansonia*, IX, 346.
4. « Roseis. »
5. Spec. 1. *G. Bruguieri* Desf., loc. cit.

angulatus v. subteres; præfloratione valvata v. reduplicata. Petala 5,
minuta squamiformia, nunc minima v. 0. Stamina fertilia 5, oppositipetala, libera v. basi leviter 1-adelpha; antherarum extrorsarum loculis
extus (v. intus) ad apicem subporicidis v. potius rima brevi dehiscentibus. Germen 5-loculare; loculis oppositipetalis (nunc 3, 4-loculare);
ovulis 2-∞ (2-seriatis), adscendentibus; micropyle extrorsum infera;
stylo subintegro, apice stigmatoso. Capsula 3-5-locularis, loculicida;
seminibus 1-∞, adscendentibus; micropyle nunc arillata; embryonis
albuminosi recti cotyledonibus planis; radicula infera. — Frutices, pube
stellata, nunc densa, induti; foliis alternis v. spurie verticillatis, rarius
oppositis, integris, dentatis v. sinuatis, nunc raro lobatis; stipulis 0,
v. parvis, nunc folia parva mentientibus; floribus in racemos spurios
simplices v. ramosos, cymiferos, laterales v. oppositifolios, nunc subaxillares, dispositis; cymis sæpe 1-paris; bractea bracteolisque 2,
sub flore sæpe in calyculum approximatis. (*Australia extratrop.*) —
Vid. p. 81 [1].

36. **Guichenotia** J. GAY [2]. — Flores fere *Lasiopetali;* calyce 5-fido,
post anthesin membranaceo-ampliato; foliolis demum elevato-3-5-cos-
tatis. Petala squamiformia. Stamina 5. oppositipetala; antheris rima
brevi dehiscentibus [3]. Germinis loculi 5, 2- v. pauciovulati [4]; stylo
integro, superne nudo v. stellato-piloso. Capsula loculicida. Cætera
Lasiopetali. — Fruticuli tomentosi; pube sæpe stellata; foliis alternis,
sæpius integris angustis, margine recurvis; stipulis (?) lateralibus folii-
formibus; floribus solitariis v. spurie racemosis, 1-lateraliter cymosis [5].
(*Australia extratrop.* [6])

1. *Pimia* (SEEM., in *Bonplandia* (1862), 366; *Fl. vit.*, 25, t. 5) dicitur ab auctoribus recentioribus (B. H., *Gen.*, 984, n. 40 *a*) « genus evidenter *Lasiopetalo* valde affine, nec nisi capsulis echinatis differre videtur. » Cui : « calyx 5-fidus, laciniis obovatis obtusis. Petala minuta squamæformia cordata. Stamina antherifera 5, libera, calycis laciniis alternata; antheræ 2-rimosæ. Staminodia 0. Ovarium 5-loculare; loculis 1-ovulatis; stylo... Capsula setis flaccidis echinata. Semina solitaria adscendentia. — Arbor; ramulis, foliis inflorescentiaque ferrugineo-stellato-tomentosis. Folia alterna, ovato-oblonga v. obovata, integerrima coriacea, supra demum glabrata. Cymæ pauciflorœ. Spec. 1. *P. rhamnoides* SEEM., ins. Fidji incola. » Planta imperfecte cognita, adspectu a cæteris *Lasiopetaleis* et numero ovulorum valde differre videtur. An *Maxwellia* affinis ? Locus hucusque valde dubius remanet.

2. In *Mém. Mus.*, VII, 448, t. 20. — DC., *Prodr.*, I, 489. — ENDL., *Gen.*, n. 5323. — B. H., *Gen.*, 227, 984, n. 39. — H. BN, in *Adansonia*, IX, 342. — *Sarotes* LINDL., *Swan riv. Bot. App.*, 19. — ? *Ditomostrophe* TURCZ., in *Bull. Mosc.* (1846), II, 498.

3. Anthera sæpius extrorsa videtur; sulcis paulo sub apice faciem internam petentibus ibique tantum dehiscentibus.

4. Exostomium in flore jam incrassatum.

5. De transitu e *Guichenotia* ad *Sarotidem* fusius disser. cl. F. MUELLER (*Fragm.*, II, 4).

6. Spec. 5. HOOK., *Journ. bot.*, II, 381, t. 16 (*Sarotes*). — TURCZ., *loc. cit.*, 499 (*Ditomostrophe*). — STEUD., in *Pl. Preiss.*, I, 233 (*Thomasia*). — F. MUELL., *Fragm.*, X, 7 (*Thomasia*). — BENTH., *Fl. austral.*, I, 257. — *Bot. Mag.*, t. 4651. — WALP., *Rep*, I, 337 (*Sarotes*); *Ann.*, I, 105; II, 164 (*Sarotes*); IV, 321; VII, 436.

37. **Lysiosepalum** F. Muell. [1] — « Sepala 5, a basi jam ante anthesin libera, valvata. Petala 5, minuta squamiformia. Stamina 5, oppositipetala; antheris linearibus; loculis apice breviter rimosis. Germen 3-loculare; ovulis ∞; stylo glabro. Capsula loculicide 3-valvis.—Frutex, pube stellata velutinus; foliis oblongo-linearibus, margine revolutis; stipulis parvis v. 0; floribus [2] racemosis, bracteis crassis valvatis involucrantibus inclusis. » (*Australia austro-occ.* [3])

38. **Thomasia** J. Gay [4]. — Calyx fere *Lasiopetali;* foliolis coloratis v. hyalinis, demum membranaceo-dilatatis. Petala minuta v. 0. Stamina 5-10; sterilibus 5, parvis alternipetalis, v. 0; fertilium antheris longitudinaliter rimosis [5]. Germen 3-5-loculare; loculis [6] 2- ∞- ovulatis; stylo integro. Capsula loculicida; seminibus 1, v. paucis adscendentibus; embryonis albuminosi recti cotyledonibus foliaceis planis. — Frutices v. suffrutices; foliis fere *Lasiopetali*, sæpius lobatis v. incisis; stipulis parvis v. sæpius latis, folia mentientibus; floribus in racemos spurios cymiferos, subterminales v. laterales, dispositis; cymis sæpe lateraliter 1-paris paucifloris; bractea bracteolisque 2, sub flore sæpe calyculum mentientibus. (*Australia occ. austr.* [7])

39. **Hannafordia** F. Muell. [8] — Calyx campanulatus, 5-fidus, post anthesin leviter ampliatus; lobis acutatis, extus elevato-3-5-costatis. Petala 5, calyce breviora lanceolata, sæpe inæqualia, apice nunc reflexa. Stamina basi 1-adelpha; fertilium 5, oppositipetalorum loculis elongatis parallelis, extrorsum rimosis; staminodiis 1-4, longioribus, interpositis, subpetaloideis subulatis. Germen 3, 4-loculare; ovulis in loculis

1. *Fragm.*, 1, 142. — B. H., *Gen.*, 228, 984, n. 41.

2. « Purpurascentibus. »

3. Spec. 2. Benth., *Fl. austral.*, I, 266. — Walp., *Ann.*, VII, 437.

4. In *Mém. Mus.*, VII, 450, t. 21, 22. — DC., *Prodr.*, I, 489.—Turp., in *Dict. sc. nat.*, Atl., t. 141. — Endl., *Gen.*, n. 5324. — H. Bn, in *Adansonia*, II, 178 (*Lasiopetalum*); IX, 343. — B. H., *Gen.*, 227, 984, n. 37.— *Leucothamnus* Lindl., *Swan riv. Bot. App.*, 19. — *Rhynchostemon* Steetz, *Pl. Preiss.*, II, 333. —? *Asterochiton* Turcz., in *Bull. Mosc.* (1852), II, 138 (ex Benth.).

5. Antheræ sæpe in alabastro introrsæ, demum sub anthesi versatiles; rimis inde extrorsis. Filamenta in *Leucothamno* magis perigyne

inserta. Antheræ *Rhynchostemonis* connectivo ultra loculos producto rostratæ.

6. Aut in germen pluriloculare connatis, aut plus minus alte liberis.

7. Spec. ad 25. Labill., *Pl. Nouv.-Holl.*, I, t. 88 (*Lasiopetalum*). — Hueg., in *Endl. Dec.*, 32. — Steud., in *Pl. Preiss.*, I, 230. — Steetz, in *Pl. Preiss.*, II, 319. — Turcz., in *Bull. Mosc.* (1846), II, 500 (1853), II, 142. — Spach, *Suit. à Buffon*, III, 497. — Lindl., *Swan riv. Bot. App.*, 18.—F. Muell., *Fragm.*, II, 7; in *Trans. Phil. Soc. Vict.*, I, 35. — Benth., *Fl. austral.*, I, 248. — Walp., *Rep.*, I, 336; II, 795; V, 107; *Ann.*, I, 106; II, 162; VII, 435.

8. *Fragm.*, II, 9. — B. H., *Gen.*, 227, n. 38.

singulis 2-4, adscendentibus; micropyle extrorsum infera; stylo integro erecto, apice stigmatoso. Capsula basi calyce cincta oblonga, crasse lignosa, loculicide 3, 4-valvis. Semina adscendentia, basi arillo laciniato (umbilicali?) munita; embryonis recti cotyledonibus crassis; radicula infera. — Frutex stellato-tomentosus; foliis alternis subcordatis undulato-sublobatis molliter tomentosis exstipulaceis; floribus in cymas oppositifolias pedunculatas dispositis paucis, breviter 5-bracteolatis. (*Australia occ.* [1])

40. **seringia** J. GAY [2]. — Calyx campanulatus, plus minus alte 5-fidus tomentosus; post anthesin vix auctus (nec coloratus). Petala 0. Stamina 5-10; alternipetala sæpius 5, plus minus squamiformia v. subpetaloidea, nunc basi connata; oppositipetala autem 5. fertilia; antheris longitudinaliter 2-rimosis. Germen 5-loculare; ovulis 2, 3, in loculis singulis (v. rarius ultra); stylis plus minus alte connatis v. coalitis. Carpella matura distincta, superne breviter alata, dorso demum hiantia; seminibus arillatis; embryonis albuminosi cotyledonibus foliaceis. — Frutices [3]; foliis integris dentatisve; floribus in racemos valde ramosos cymiferos terminales dispositis. (*Australia subtrop. et extratrop. or.* [4])

41. **keraudrenia** J. GAY [5]. — Flores fere *Seringiæ;* calyce demum membranaceo-dilatato, colorato v. hyalino. Petala 0, v. minuta squamiformia. Stamina *Thomasiæ*. Germen 3-5-loculare; stylis apice cohærentibus; ovulis in loculis singulis 3-∞. Capsula 3-5-locularis membranacea, villosa v. breviter setosa, loculicida, v. carpella demum distincta. Semina arillata; embryonis albuminosi, recti v. curvati, cotyledonibus planis. — Frutices; habitu et foliis *Lasiopetali* (v. *Thomasiæ*); stipulis parvis, persistentibus, v. minimis; floribus terminalibus, solitariis v. breviter cymosis [6]. (*Madagascaria* [7], *Australia extratrop., subtrop.* [8])

1. Spec. 1. *H. quadrivalvis* F. MUELL., *loc. cit.* — BENTH., *Fl. austral.*, I, 247. — WALP., *Ann.*, 436.
2. In *Mém. Mus.*, VII, 442, t. 16, 17. — DC., *Prodr.*, I, 488. — ENDL., *Gen.*, n. 5322. — B. H., *Gen.*, 226, 984, n. 35.
3. Habitu sæpe *Commersoniæ* (inde *Buettnerieas* quoque cum *Lasiopetaleis* connect.).
4. Spec. 1. *S. platyphylla* J. GAY, *loc. cit.* — BENTH., *Fl. austral.*, I, 245. — WALP., *Ann.*, VII, n. 1. — *Lasiopetalum arborescens* AIT., *Hort. kew.*, ed. 2, II, 36.
5. In *Mém. Mus.*, VII, 461, t. 22. — DC.,

Prodr., I, 489. — ENDL., *Gen.*, n. 5327. — B. H., *Gen.*, 227, 984, n. 36.
6. « Gen. quoad anther. *Seringiæ* et *Hannafordiæ* acced., calyce fere *Thomasiæ*. » (B. H., *Gen.*, 984.)
7. Spec. 1, floribus majusculis; fructu hucusque haud descripto.
8. Spec. 6. STEUD., in *Pl. Preiss.*, I, 236. — STEETZ, in *Pl. Preiss.*, II, 349 (*Seringia*). — F. MUELL., *Fragm.*, I, 28, 242; II, 5; in *Hook. Journ.*, IX, 15 (*Seringia*). — BENTH., *Fl. austral.*, I, 245. — WALP., *Ann.*, II, 164; VII, 434.

VIII. MALVEÆ.

42. **Malva** T. — Flores hermaphroditi regulares; calyce 5-fido, valvato v. subreduplicato. Petala 5, basi inter se et cum columna staminea connata, contorta. Stamina ∞; filamentis basi 1-adelphis; columna tubulosa mox usque ad apicem divisa; antheris reniformibus, 1-locularibus, extrorsum rimosis. Germen ∞ - loculare; loculis in orbem verticillatis; ovulo in loculis singulis 1, adscendente; micropyle extrorsum infera; v. rarissime subtransverso v. descendente; micropyle introrsum supera (*Malvastrum*); styli ramis loculorum numero æqualibus, aut filiformibus, intus longitudinaliter stigmatosis (*Eumalva, Callirhoe*), aut ad apicem stigmatosum truncatis, clavatis v. capitellatis (*Malvastrum, Phyllanthophora*). Carpella matura ∞, in orbem depressum verticillata, ab axi brevi cylindrico v. conico prominente secedentia, indehiscentia v. rarius 2-valvia, dorso nunc breviter 2-spinosa (*Phyllanthophora*), aut erostria (*Eumalva*), aut plus minus longe rostrata; cavitate rostri nunc a loculo processu horizontali interno separata (*Callirhoe*). Semina adscendentia reniformia; embryonis exalbuminosi v. rarius inter plicas vix albuminosi curvati cotyledonibus foliaceis plus minus plicatis v. contortuplicatis, radiculam brevem inferam plus minus involventibus. — Herbæ, nunc basi suffrutescentes; foliis alternis, sæpius angulatis, lobatis v. dissectis, nunc cordatis v. partitis; stipulis 2, lateralibus; floribus axillaribus solitariis v. cymosis, pedunculatis v. subsessilibus; cymis nunc in racemos terminales dispositis; pedicellis raro petiolo folii floralis adnatis (*Phyllanthophora*); involucello sub flore e bracteolis 3 (*Eumalva*), liberis v. rarius 1, 2. parvis (*Malvastrum*) constante, nunc 0. (*Orbis tot. reg. temp.*, America calid., Africa austr.) — *Vid. p.* 83.

43. **Althæa** L. [1] — Flores fere *Malvæ*; carpellis ∞, maturis in orbem depressum dispositis, axin brevem superantibus v. æquantibus, nunc axi conico vix superatis (*Olbia* [2]), v. axi varie dilatato (*Lavatera* [3])

1. L., *Gen.*, n. 839. — ADANS., *Fam. des pl.*, II, 400. — J., *Gen.*, 272. — GÆRTN., *Fruct.*, t. 136. — LAMK, *Dict.*, III, 58; Suppl., II, 862; *Ill.*, t. 581. — DC., *Prodr.*, I, 436. — SPACH, *Suit. à Buffon*, III, 354. — ENDL., *Gen.*, n. 5270. — H. BN, in *Payer Fam. nat.*, 282. — B. H., *Gen.*, 200, n. 4 (incl. : *Alcea* L., *Ferberia* SCOP., *Lavatera* L.).

2. MEDIK., *Malv.*, 41. — *Savignonia* WEBB, *Fl. canar.*, 30, t. 13. — *Navæa* WEBB, *loc. cit.*, 32, t. 1 c.

3. L., *Gen.*, n. 839. — DC., *Prodr.*, I, 438. — SPACH, *Suit. à Buffon*, III, 337. — ENDL., *Gen.*, n. 5269. — B. H., *Gen.*, 200, n. 5. — *Stegia* MŒNCH, *Meth.*, 609. — DC., *Fl. fr.*, IV, 583.

coronatis, raro margine membranaceis (*Alcea* [1]), ab axi demum secedentibus, indehiscentibus; semine cæterisque *Malvæ*. — Herbæ annuæ
v. perennes, nunc elatæ tomentosæ (*Eualthæa*), v. rarius frutices arbo-
resve; foliis angulatis, lobatis v. partitis; floribus [2] axillaribus solitariis
pedunculatis v. in racemos forma varios, nunc corymbiformes, termi-
natos dispositis, involucello sub flore 3-6-fido (*Lavatera*), v. 6-9-fido
(*Eualthæa*, *Alcea*) basi cinctis. (*Reg. temp. vet. orb.*, *rar. subtrop.*,
ins. Canar., *Australia* [3].)

44. Sidalcea A. GRAY [4]. — Perianthium fere *Malvæ;* calyce 5-fido.
Stamina ∞; columna apice 2-plici; exteriore in phalanges 5, apice
4-∞-antheriferas; interiore in filamenta ∞, divisis. Germen *Malvæ;*
loculis 5-10; styli ramis totidem filiformibus, intus longitudinaliter
stigmatosis. Carpella matura membranacea erostria, indehiscentia, ab
axi brevi secedentia; semine adscendente (*Malvæ*). — Herba; habitu
Malvæ; foliis plerumque lobatis v. partitis; floribus ecalyculatis [5] in
spicam v. racemum terminalem dispositis; pedicellis 0, v. brevibus.
(*America bor.-occ.* [6])

45. Napæa L. [7] — Flores diœci (fere *Malvæ*); calyce 5-dentato,
valvato. Columna staminea apice in filamenta ∞ divisa. Germen 8-10-
loculare; styli ramis totidem, intus longitudinaliter stigmatosis. Carpella 8-10, matura erostria, indehiscentia v. sub-2-valvia, ab axi brevi
demum secedentia; semine adscendente (*Malvæ*). — Herba perennis
elata; foliis alternis plus minus profunde partitis; floribus [8] ecalyculatis ad summos ramulos spurie fasciculato-umbellatis cymosis; cymis
in racemum amplum ramosum subcorymbosum dispositis. (*America
bor.* [9])

46. Sida L. [10] — Calyx 5-dentatus v. 5-fidus. Corolla *Malvearum*.
Stamina ∞; columna apice in filamenta divisa. Germen 5-∞-locu-

1. L., *Gen.*, n. 840.— DC., *Prodr.*, I, 437. — REICHB., *Ic. Fl. germ.*, V, 175.
2. Albis, roseis, purpurascentibus, v. rariss. luteis.
3. Spec. ad 30. CAV., *Diss.*, II, 91, 27-32. — REICHB., *Ic. Fl. germ.*, V, t. 172-178. — GREN. et GODR., *Fl. de Fr.*, I, 292 (*Lavatera*), 294. — WALP., *Rep.*, I, 290, 291 (*Lavatera*); II, 788 (*Lavatera*); *Ann.*, I, 98, 99; II, 138; IV, 297; VII, 383, 386 (*Lavatera*).
4. *Plant. Fendler.*, 18; *Gen. ill.*, t. 120. — B. H., *Gen.*, 204, n. 8.
5. Roseo-purpureis v. albis.

6. Spec. 8. HOOK. et ARN., *Beech. Voy.*, *Bot.*, t. 76 (*Sida*). — *Bot. Reg.*, t. 1036 (*Sida*). — WALP., *Ann.*, II, 150; IV, 309.
7. *Gen.*, n. 838. — J., *Gen.*, 273. — ENDL., *Gen.*, n. 5289 (part.). — B. H., *Gen.*, 201, n. 9.
8. Parvis, albis.
9. Spec. 1. *N. scabra* L., *Syst.*, 750. — A. GRAY, *Gen. ill.*, t. 119. — WALP., *Ann.*, II, 151. — *Sida dioica* CAV., *Diss.*, V, 278, t. 132, fig. 2. — DC., *Prodr.*, I, 466, n. 89.
10. *Gen.*, n. 837. — ADANS., *Fam. des pl.*, II, 398. — J., *Gen.*, 273. — LAMK, *Dict.*, I,

lare ; ovulo in loculis singulis 1, descendente ; micropyle introrsum supera ; styli ramis loculorum numero æqualibus, filiformibus v. sub-clavatis, apice stigmatoso truncatis v. capitatis. Carpella matura 5-∞ , calyce fructifero nunc aucto patente membranaceo(*Fleischeria* [1]) mu-nita, demum ab axi secedentia, nunc membranacea (*Gaya* [2]), erostria v. apice in rostra v. aristas erecto-conniventes producta, indehiscentia (*Dictyocarpus* [1]), v. apice 2-valvia, intus nuda, nunc dorso in val-vulas 2 dehiscentia, ligulam dorsalem interiorem a basi circa semen adscendentem relinquentia (*Gaya*) ; semine descendente v. nunc sub-horizontali. — Herbæ, suffrutices v. frutices ; indumento sæpius molli v. tomentoso ; foliis indivisis, angulatis v. lobatis ; floribus subsessi-libus v. sæpius pedunculatis, solitariis v. glomeratis, axillaribus v. in racemos, nunc corymbiformes, spicas v. capitula terminalia dispositis ; bracteolis 0 [4]. (*Orbis tot. reg. calid.* [5])

47. **Bastardia** H. B. K. [6] — Flores fere *Sidæ ;* germine 5-loculari ; loculis ovulatis ; styli ramis totidem, apice stigmatoso capitatis. Cap-sula depresso-globosa erostris, 5-sulcata, loculicida ; valvis 5, medio septiferis ; seminibus descendentibus ; micropyle introrsum supera. — Suffrutices v. herbæ tomentosæ [7] ; foliis cordatis, integris v. crenu-latis ; floribus [8] axillaribus solitariis pedunculatis, ebracteolatis. (*Ame-rica trop.* [9])

3 ; Suppl., I, 2 (part.). — DC., *Prodr.*, I, 450. — Spach, *Suit. à Buffon*, III, 397. — Endl., *Gen.*, n. 5289. — Duchtre, in *Ann. sc. nat.*, sér. 3, IV, 143. —Payer, *Thèse Malvac.*, 17. — A. Gray, *Gen. ill.*, t. 123. — B. H., *Gen.*, 203, 982, n. 16. — H. Bn, in *Payer Fam. nat.*, 280. — *Stevartia* Forst., *Fl. æg.-arab.*, 126. — *Malvinda* Medik., *Malv.*, 23 (ex Endl.).

1. Steud., in *Pl. Preiss.*, I, 236. — Steetz, in *Pl. Preiss.*, II, 365.

2. H. B. K., *Nov. gen. et spec.*, V, 266, t. 475, 476.— Endl., *Gen.*, n. 5290. — B. H., *Gen.*, 203, n. 15.

3. Wight, in *Madr. Journ. sc.* (ex *Ann. sc. nat.*, sér. 2, XI, 169).

4. *Malvella* Jaub. et Spach, a nobis (vid. p. 90, not. 1) ad *Malvastrum* A. Gray (sect. *Malvæ*) reduct., est, fide B. H., « vera *Sidæ* spe-cies, bracteolis 2 in pedicello minimis non ob-stantibus ». Ovula erecta (Spach) et suspensa (B. H.) dicuntur. Nos autem (in *Adansonia*, X, 188) ovulum, nunc adscendentem (micropyle extrorsum infera), nunc descendentem (micro-pyle introrsum supera) vidimus, prout styli in-sertio plus minus gynobasica fiat. Nonnunquam

ovula seminaque perfecte transversa evadunt. *Sidas* igitur omnes legitimas omnino ecalycu-latas habemus.

5. Spec. ad 85. H. B. K., *Nov. gen. et spec.*, V, 256, t. 473. — A. S. H., *Pl. us. Bras.*, t. 49, 50 ; *Fl. Bras. mer.*, I, 173, t. 33-37, 38 (*Gaya*). — Wight, *Icon.*, t. 95. — Moric., *Pl. nouv. amér.*, t. 24, 25. — C. Gay, *Fl. chil.*, I, 329. — Harv. et Sond., *Fl. cap.*, I, 166. — Thw., *Enum. pl. Zeyl.*, 27. —Griseb., *Fl. brit. W.-Ind.*, 73. — A. Gray, *Pl. Fendler.*, 22. — Seem., *Fl. vit.*, 15. — Tr. et Pl., in *Ann. sc. nat.*, sér. 4, XVII, 172. — Benth., *Fl. austral.*, 1, 191. — Mast., in *Oliv. Fl. trop. Afr.*, 1, 178. — *Bot. Mag.*, t. 2193, 2857. — Walp., *Rep.*, I, 313, 321 (*Gaya*) ; II, 792 ; V, 93 ; *Ann.*, I, 102 ; II, 153 ; IV, 310 ; VII, 392.

6. *Nov. gen. et spec.*, V, 254, t. 472. — Endl., *Gen.*, n. 5293 (part., excl. sect. *Gayoi-des*). — Payer, *Thèse Malvac.*, 19. — B. H., *Gen.*, 203, n. 17.

7. Habitu *Sidæ*.

8. Flavis.

9. Spec. 2. A. S. H., *Fl. Bras. mer.*, I, 194, t. 39. — Griseb., *Fl. brit. W.-Ind.*, 80. —

48. **Anoda** Cav. [1] — Calyx 5-fidus corollaque *Sidæ ;* columna stami-nea apice in filamenta ∞ divisa. Germen ∞ -loculare; ovulo in loculis singulis 1, adscendente; micropyle introrsum supera; styli ramis locu-lorum numero æqualibus filiformibus, apice stigmatoso truncato haud incrassato v. capitato. Carpella ∞ , late stellato-verticillata, erostria, matura ab axi secedentia; lateribus septo evanido apertis; semine adscendente v. subhorizontali, rarius subdescendente. — Herbæ glabres-centes v. hispidæ [2]; foliis integris, hastato-3-lobis v. raro dissectis; floribus [3] pedunculatis, axillaribus solitariis v. in racemum terminalem dispositis; involucello 0. (*America calid.* [4])

49. **Cristaria** Cav. [5] — Flores fere *Anodæ*, ecalyculati; carpellis ∞ , maturis membranaceis v. coriaceis, apice in alas 2-plices erecto-conni-ventes productis, ab axi secedentibus, dorso 2-valvibus; lateribus clausis v. rarius septo evanido apertis. Germen ∞-loculare; ovulo 1, in loculis singulis descendente v. subhorizontali. Semina cæteraque *Anodæ*. — Herbæ sæpius prostratæ tomentosæ; foliis angulatis, lobatis v. dissectis; floribus [6] axillaribus solitariis v. in racemos terminales dis-positis. (*America austr. extratrop.* [7])

50. **Hoheria** A. Cunn. [8] — Calyx cyathiformis, 5-dentatus, valvatus. Corolla *Sidæ*. Columna staminea 5-adelpha, demum apice in filamenta ∞ divisa. Germen 5-loculare [9]; ovulo in loculis singulis 1, descen-dente : micropyle introrsum supera; styli ramis 5, filiformibus, apice peltato stigmatosis. Carpella indehiscentia, dorso ala longitudinali sim-plici cristata, matura ab axi secedentia; semine descendente, v. raro subhorizontali. — Arbuscula subglabra; foliis petiolatis; floribus [10] axil-

---

Tr. et Pl., in *Ann. sc. nat.*, sér. 4, XVII, 186. — Walp., *Ann.*, VII, 395.

1. *Diss.*, 38, t. 10, fig. 3. — J., *Gen.*, 273. —DC., *Prodr.*, I, 458.—Endl.., *Gen.*, n. 5287. —Payer, *Thèse Malvac.*, 17. —A. Gray, *Gen. ill.*, t. 124. — B. H., *Gen.*, 202, n. 13.

2. Habitu *Malvarum*.

3. Violaceis v. flavis.

4. Spec. 7, 8. Reichb., *Ic. exot.*, t. 34. — H. B. K., *Nov. gen. et spec.*, V, 265. — C. Gay, *Fl. chil.*, I, 314. — Griseb., *Fl. brit. W.-Ind.*, 73. — Tr. et Pl., in *Ann. sc. nat.*, sér. 4, XVII, 172. — *Bot. Mag.*, t. 330. — Walp., *Rep.*, I, 313; II, 791; *Ann.*, IV, 310; VII, 391.

5. *Icon.*, V, 10, t. 418. — DC., *Prodr.*, I, 458. — Endl., *Gen.*, n. 5288. — Payer, *Thèse Malvac.*, 19. — B. H., *Gen.*, 202, n. 14.

6. Sæpius violaceis.

7. Spec. ad 20. A. Gray, *Amer. expl. Exp.*, *Bot.*, I, 165. — Presl, *Rel. Hœnk.*, II, 119. — Cav., *Diss.*, I, t. 4, fig. 2. — L.Hér., *Stirp.*, t. 57 (*Sida*).— Phil., in *Linnœa*, XXXIII, 28. — *Bot. Mag.*, t. 1673. — Walp., *Rep.*, I, 313; *Ann.*, I, 101; IV, 309; VII, 392.

8. In *Ann. Nat. Hist.*, ser. 1, III, 319. — Endl., *Gen.*, n. 5312. — B. H., *Gen.*, 202, n. 12. — H. Bn, in *Payer Fam. nat.*, 283.

9. Loculis alternipetalis.

10. Albis.

laribus fasciculato-cymosis; pedicellis 1-floris, ad medium articulatis.
(*N.-Zelandia* [1].)

51. **Plagianthus** Forst. [2] — Calyx 5-dentatus v. 5-fidus, nunc
angulatus (*Lawrencia* [3]), valvatus. Corolla (malvacea) sæpe parva, basi
cum androcæo connata. Stamina ∞ ; filamentis in columnam urceola-
tam v. tubulosam basi connatis, demum liberis; antheris (nunc sterilibus) stipitatis v. sessilibus, extrorsis, 1, 2-locularibus, rimosis.
Carpella (in speciebus polygamis nunc abortiva) aut solitaria, aut 2
(*Philipodendron* [4], *Asterotrichion* [5]), nunc 4, 5 (*Lawrencia, Blepharan-
themum* [6]), rarius ∞ (*Hoherianthus* [7]); ovulis (nunc abortivis) in germinibus singulis solitariis, descendentibus; micropyle introrsum supera [8];
stylis totidem, apice stigmatoso filiformibus v. varie incrassatis, nunc
clavatis v. subcapitatis, superne intus longitudinaliter papillosis. Carpella 1, 2, v. 3-∞, ab axi demum secedentia, crostria, sicca, indehiscentia v. nunc irregulariter rupta, 1-sperma. — Arbores parvæ v. sæpius
frutices, rarius herbæ; foliis forma valde variis, integris v. sinuatis,
angulatis, raro lobatis; floribus [9] solitariis v. cymosis; cymis axillaribus, bracteatis v. ebracteatis, nunc paucis in racemum axillarem,
rarius (*Lawrencia*) in spicam, nunc longam terminalem bracteatam,
congestis. (*Australia, N.-Zelandia* [10].)

52. **Abutilon** T. [11] — Calyx 5-fidus, valvatus. Corolla *Malvearum*.
Stamina ∞ ; columna apice in filamenta divisa. Germen 5-∞-loculare;

1. Spec. 1. *H. populnea* A. Cunn., *loc.
cit.* — Hook., *Icon.*, t. 565, 566. — A. Gray,
Amer. expl. Exp., Bot., I, 180. — *H. angustifolia* Raoul, *Ch. de pl. N.-Zél.*, 48, t. 26.
— Hook. F., *Fl. N.-Zel.*, I, 30.
2. *Char. gen.*, 85, t. 43. — DC., *Prodr.*, I,
477. — Endl., *Gen.*, n. 5311. — Payer, *Organog.*, 47, t. 7. — B. H., *Gen.*, 202, 982,
n. 11. — H. Bn, in *Payer Fam. nat.*, 284. —
Lem. et Dcne, *Tr. gén.*, 348. — *Gynatrix* Alef.,
in *OEstr. bot. Zeit.* (1862), 33 (ex Walp.,
Ann., VII, 394).
3. Hook., *Icon.*, t. 261, 417. — *Wrencelia*
A. Gray, *Amer. expl. Exp., Bot.*, 180, not.
4. Poit., in *Ann. sc. nat.*, sér. 2, VIII, 183,
t. 3. — Endl., *Gen.*, n. 5358. — H. Bn, in
Adansonia, II, 179 ; in *Payer Fam. nat.*, 284.
— *Halothamnus* F. Muell., *Pl. Vict.*, I, 158.
5. Kl., in *Link, Kl. et Ott. Ic. pl.*, 19, t. 8.
6 Kl., *loc. cit.*, 20.
7. Sect. hujus typ. est *Hoheria Lyallii* Hook. F.

(*Fl. N.-Zel.*, 1, 31, t. 11), quæ *Plagianthi* spec.,
floribus ∞-gynis.
8. Integumento 2-plici.
9. Parvis, sæpius albidis, nunc virescentibus.
10. Spec. ad 10. Bonpl., *Malmais.*, t. 2 (*Sida*).
— G. Don, *Gen. Syst.*, 1, 501 (*Abutilon*). —
Lindl., in *Bot. Reg.* (1838), Misc., 22. — Nees,
in *Pl. Preiss.*, 1, 242 (*Lawrencia*). — Hook. F.,
Fl. tasm., I, 48 (*Lawrencia*); *Handb. N.-Zeal.
Fl.*, 29. — Benth., in *Journ. Linn. Soc.*, VI,
101; *Fl. austral.*, I, 187. — F. Muell., *Pl.
Vict.*, I, 162. — *Bot. Mag.*, t. 2753, 3396
(*Sida*). — Walp., *Rep.*, II, 789 ; V, 89 (*Lawrencia*); VII, 390.
11. *Inst.*, 99 (part.). — Gærnt., *Fruct.*, II,
251, t. 135. — Endl., *Gen.*, n. 5292. — Duchtre, in *Ann. sc. nat.*, sér. 3, IV, 137. —
Payer, *Thèse Malvac.*, 4, 23. — A. Gray, *Gen.
ill.*, t. 125. — B. H., *Gen.*, 204, 982, n. 21.
— H. Bn, in *Payer Fam. nat.*, 280. — *Abu-
tilea* F. Muell., in *Linnæa*, XXV, 379.

loculis verticillatis, 3-∞-ovulatis; styli ramis loculorum numero æqualibus, filiformibus v. apice stigmatoso breviter decurrente clavatis (*Sidabutilon* [1]). Carpella 3-∞, matura basi coalita v. omnino secedentia, nunc membranaceo-dilatata, apice rotundata, e columna centrali (ope nervi liberi) diu dependentia (*Gayoides* [2]), superne rotundata divergenti-rostrata, 2-valvia, intus nuda; seminibus 1-∞, subreniformibus, sæpe obliquis; superioribus adscendentibus; inferioribus horizontalibus v. sæpius descendentibus. — Herbæ, frutices v. rarius arbores; tomento sæpius molli; foliis sæpius cordatis, angulatis v. lobatis, raro angustatis; floribus sæpius axillaribus, ecalyculatis. (*Orbis tot. reg. calid.* [3])

53? **Wissadula** MEDIK. [4] — Flores *Abutili;* loculis ovarii 5; ovulis 1-4; styli ramis totidem, apice capitato stigmatosis. Fructus (apice truncati) carpella 5, matura membranacea, apice extrorsum angulata v. rostrata (rostris divergentibus), intus lamella transversa v. costa transversali plus minus septata, 2-valvatim dehiscentia; carpellorum parte superiore nunc asperma. Semina 1-4, quorum 1, 2, in parte inferiore loculi descendentia, et 1, 2, v. rarius 0, in parte superiore adscendentia. —Frutices, sæpius tomentosi; foliis alternis cordatis, integris v. dentatis; floribus [5] axillaribus v. ad summos ramos in racemum (raro subspicatum), nunc interruptum, simplicem v. ramosum, dispositis, ecalyculatis; pedunculis 1-∞-floris [6]. (*Asia, Africa et America trop.* [7])

54. **Sphæralcea** A. S. H. [8] — Flores fere *Abutili;* ovarii loculis ∞,

1. Spec. inclus. paucis austro-amer., imprim. *Sida vitifolia* CAV., quæ *A. vitifolium* LINDL. [*Bot. Reg.* (1844), t. 57].

2. ENDL., *Gen.*, n. 5293 b (sect. *Bastardiæ*). — *Gayopsis* A. GRAY, *Gen. ill.*, II, 167, t. 126. — *Beloere* SHUTT., in *Pl. Rucg. exs.*

3. Spec. ad 70. H. B. K., *Nov. gen. et spec.*, V, 256, t. 473. — DC., *Prodr.*, I, 467 (*Sida*). — A. S. H., *Pl. us. Bras.*, t. 51; *Fl. Bras. mer.*, I, t. 39 (*Bastardia*), 196, t. 40-42. — WIGHT, *Icon.*, t. 12, 68. — GUILLEM. et PERR., *Fl. Sen. Tent.*, I, 14. — C. GAY, *Fl. chil.*, I, 330. — HARV. et SOND., *Fl. cap.*, I, 168. — GRISEB., *Fl. brit. W.-Ind.*, 77. — A. GRAY, *Man.*, ed. 5, 67. — TR. et PL., in *Ann. sc. nat.*, sér. 4, XVII, 182. — BENTH., *Fl. austral.*, I, 191. — MAST., in *Oliv. Fl. trop. Afr.*, I, 183. — *Bot. Mag.*, t. 2759, 2821, 3150, 3840, 3892, 4134, 4170, 4227, 4360, 4463 (*Sida*). — WALP., *Rep.*, I, 322; II, 793; V, 95; *Ann.*, I, 104; II, 157; IV, 313; VII, 392.

4. *Malv.*, 25. — PRESL, *Reliq. Hænk.*, II, 117, t. 69. — ENDL., *Gen.*, n. 5295. — PAYER, *Thèse Malvac.*, 5, 6, 22. — B. H., *Gen.*, 204, n. 20.

5. Parvulis, flavis.

6. Gen. vix ab *Abutilo* septo transverso carpellorum distinguend., cujus fors. pot. ad sect. reducend.

7. Spec. ad 5. CAV., *Diss.*, I, t. 5, fig. 1, 2. — LNÉR., *Stirp.*, t. 58 (*Sida*). — TURCZ., in *Bull. Mosc.* (1858), I, 202. — GRISEB., *Fl. brit. W.-Ind.*, 77 (*Sida* sect. *Wissida*). — THW., *Enum. pl. Zeyl.*, 27. — TR. et PL., in *Ann. sc. nat.*, sér. 4, XVII, 186. — WALP., *Rep.*, I, 327; *Ann.*, VII, 393.

8. *Pl. us. Brasil.*, t. 52. — DC., *Prodr.*, I, 435. — ENDL., *Gen.*, n. 5272. — PAYER, *Thèse Malvac.*, 5, 23. — A. GRAY, *Gen. ill.*, t. 69. — B. H., *Gen.*, 204, n. 22. — *Sphæroma* SCHLTL., in *Linnæa*, XI, 352. — *Phymosia* DESVX, in *Ham. Prodr. Fl. ind. occ.*, 49.

2, 3-ovulatis; disco hypogyno, nunc lævi, 5-lobo (*Meliphlea* [1]). Carpella ∞, apice rotundata, truncata, mutica v. dorso angulata v. 2-ari-
stata, matura ab axi secedentia, 2-valvia. — Frutices, suffrutices
v. herbæ (habitu *Malvæ* v. *Malvastri*); foliis sæpius angulatis v. lobatis;
floribus [2] axillaribus v. in spicam v. racemum terminalem dispositis;
pedicellis longis v. sæpius brevissimis, nunc subnullis, solitariis v. fasciculato-cymosis; bracteolis 3, nunc sub flore in involucellum plus minus
breviter connatis (*Anisodontea, Meliphlea* [3]), v. sæpius liberis. (*America
calid., Africa austr.* [4])

55. **Modiola** MOENCH[5]. — Flores *Abutili* (v. *Sphæralceæ*); styli ramis
∞ (numero loculorum æqualibus), filiformibus, apice capitato stigmatosis. Carpella ∞, dorso 2-aristata, 2-valvia, intus inter semina transverse septata, matura demum ab axi secedentia; seminibus reniformibus cæterisque *Sphæralceæ*. — Herba basi radicans prostrata; foliis
partitis; floribus[6] axillaribus pedunculatis[7]; bracteolis 3, sub flore liberis.
(*America et Africa austr.* [8])

56. **Howittia** F. MUELL. [9] — Calyx 5-fidus, valvatus. Corolla *Malvæ*.
Stamina ∞ (*Sidearum*); columna apice in filamenta divisa. Germen
3-loculare; ovulis in loculis singulis 2, collateraliter adscendentibus;
styli ramis 3, apice capitato stigmatosis. Capsula [10] depresso-globosa
mutica, loculicida; valvis 3, medio intus septiferis; seminibus adscendentibus; cotyledonibus 3-fidis. — Frutex sarmentosus stellato-
tomentosus; floribus[11] axillaribus solitariis pedunculatis, ebracteolatis.
(*Australia* [12].)

57. **Kydia** ROXB. [13] — Flores hermaphroditi v. polygamo-diœci.

1. ZUCC., in *Abh. Ak. Mun.*, II, 359, t. 9.
2. Rubris, carneis v. violaceis.
3. PRESL, *Bot. Bem.*, 18. — *Sphæroma* HARV., *Fl. cap.*, I, 166.
4. Spec. ad 25, quar. 4 capens. — JACQ. *Hort. schœnbr.*, t. 293 (*Malva*).— CAV., *Diss.*, II, t. 16, fig. 1, t. 20, fig. 1; *Ic.*, t. 95 (*Malva*). — A. S. H., *Fl. Bras. mer.*, 1, 209. — SPACH, *Suit. à Buffon*, III, 357.— HARV. et SOND., *Fl. cap.*, I, 165.—*Bot. Mag.*, t. 2544, 2787, 2839 (*Malva*). — WALP., *Rep.*, I, 296; II, 789; *Ann.*, I, 100; II, 140; VII, 397.
5. *Meth.*, 620. — DC., *Prodr.*, I, 435. — ENDL., *Gen.*, n. 5273.— PAYER, *Thèse Malvac.*, 6, 22. — B. H., *Gen.*, 205, n. 23. — A. GRAY, *Gen. ill.*, t. 128. — *Haynea* REICHB., *Consp.*, 202.

6. Parvis, rubris.
7. An mel. sect. *Sphæralceæ*, uti *Abutili* a *Wissadula*, carpell. septat. distinguenda?
8. Spec. 1 (?) *M. caroliniana*. — *M. multifida* MOENCH, *loc. cit.* — A. S. H., *Fl. Bras. mer.*, I, 210, t. 43. — WALP., *Rep.*, I, 296. — *Malva caroliniana* L., *Spec.*, 969.
9. In *Hook. Journ.*, VIII, 9; *Pl. Vict.*, I, 167, t. 4. — B. H., *Gen.*, 203, n. 18.
10. Fere ut in *Hibiscis Bombycellis*, sed plantæ habitus androcœumque omnino *Sidæ*.
11. « Purpurascentibus. »
12. Spec. 1. *H. trilocularis* F. MUELL., *loc. cit.* — BENTH., *Fl. austral.*, I, 198. — WALP., *Ann.*, VII, 395.
13. *Pl. coromand.*, III, 11, t. 215, 216.— SPACH, *Suit. à Buffon*, III, 456.—DC., *Prodr.*,

Calyx 5-fidus, valvatus. Corolla breviuscula (malvacea). Stamina ∞ ; columna apice in ramos 5 divisa; antheris (in flore fœmineo effœtis, brevius stipitatis) ad apices ramulorum singulorum 2-10, sessilibus globoso-capitatis, 1-locularibus, late 2-valvibus. Germen 2, 3-loculare; ovulis in loculis singulis 2, adscendentibus; micropyle extrorsum infera; styli ramis 2, 3, apice stigmatoso dilatatis v. late peltatis (in flore masculo abbreviatis germinique abortivo impositis). Capsula depresso-globosa mutica loculicida; seminibus adscendentibus reniformibus apteris; embryone...? — Arbores tenuiter stellato-tomentosæ; foliis alternis, integris v. lobatis, digitinerviis; floribus in racemos amplos valde ramosos cymiferosque dispositis; bracteolis 4-6, foliaceis, sub fructu patentibus [1]. (*India or.* [2])

IX. MALOPEÆ.

58. Malope L. — Calyx 5-fidus , valvatus corollaque torta et stamina *Malvæ*. Carpella ∞ , receptaculo convexo inserta, distincta; germine in singulis 1-loculari; stylo filiformi, intus longitudinaliter stigmatoso. Ovulum in germinibus singulis 1, intus supra basin insertum, adscendens; micropyle extrorsum infera. Achænia ∞, distincta, receptaculo globoso irregulariter inserta, in fructum multiplicem capitato-congesta, demum decidua, indehiscentia; semine adscendente (*Malvæ*). — Herbæ annuæ; foliis alternis stipulaceis, integris v. 3-fidis, glabris v. pilosis; floribus pedunculatis; bracteolis 3, ample cordatis, distinctis, sub flore in involucellum (nunc late membranaceum) verticillatis. (*Reg. mediterr.*) — *Vid. p.* 88.

59. Kitaibelia W. [3] — Flores 5-meri (*Malopes*); stylis ∞ , filiformibus, apice intus stigmatosis. Carpella ∞ [4], demum in capitulum congesta, maturitate pleraque abortiva; paucis accretis, vix ab axi sece-

---

I, 500. — ENDL., *Gen.*, n. 5353. — B. H., *Gen.*, 203, n. 19.

1. « Gen. ab auctt. *Buettneriaceis* adscit.; sed antheræ... omnino *Sidæ*. Bracteolæ et capsula fere *Hibiscearum*, sed column. stam. *Abutilearum*, inter quas *Howittiæ* accedit. » (B. H., *loc. cit.*)

2. Spec. 2 (?) WIGHT et ARN., *Prodr.*, 1, 69.

— WIGHT, *Icon.*, t. 879-881. — THW., *En. pl. Zeyl.*, 30.

3. In *Neue Schr. Nat. Fr. Berl.*, II, 107. —DC., *Prodr.*, 1, 436.— ENDL., *Gen.*, n. 5268. — B. H., *Gen.*, 200, n. 2.

4. De quor. evolut. cfr PAYER, *Organog.*, 34, t. 8. Styli filiformes; ramis apice intus stigmatosis.

dentibus, dorso 2–valvatim dehiscentibus. Semen adscendens (*Malopes*).
— Herba perennis elata; foliis angulatis; floribus [1] axillaribus solitariis
v. ∞, pedunculatis, involucello 6–9–fido calyce longiore basi cinctis.
(*Danubii rip. austr.* [2])

60. **Palava** Cav. [3] — Flores *Kitaibeliæ;* stylis filiformibus, apice
incrassato stigmatosis. Carpella matura ∞ (*Malopes*), indehiscentia a
receptaculo secedentia. — Herbæ glabræ v. tomentosæ; foliis sæpius
lobatis v. dissectis; floribus [4] ecalyculatis axillaribus solitariis pedunculatis. (*Chili, Peruvia* [5].)

X. URENEÆ.

61. **Urena** L. — Flores hermaphroditi; calyce 5–fido v. 5–dentato,
valvato. Corolla (*Malvearum*) et stamina ∞ (rarissime abortu 5–10);
columna infra apicem truncatum v. 5–dentatum filamenta brevia
v. brevissima exserente; antheris reniformibus, 1–locularibus, extrorsum rimosis. Germen 5–loculare; loculis petalis oppositis; ovulo 1,
adscendente; micropyle extrorsum infera; styli ramis 10 (quorum
5 cum loculis alternantibus), apice capitellato stigmatosis. Carpella
matura ab axi brevi secedentia, lævia, reticulata v. extus echinulata
aristatave, nunc muricata, v. glochidiata (*L'vurena*), rarius membranaceo–2–alata, v. coriacea extusque mucilaginosa (*Lopimia*), aut indehiscentia (*Lebretonia, Evurena*), aut dehiscentia, 2–valvia; semine
adscendente (*Malvearum*). — Frutices, suffrutices v. herbæ, glabrescentes, tomentosi v. hispidi; foliis sæpe angulatis v. lobatis; floribus
sessilibus v. plus minus longe pedunculatis, nunc ad apices ramorum
capitato-congestis v. glomerulatis; bracteolis 5–∞, liberis v. basi
interse necnon sæpe cum tubo calycis connatis, sub flore in involucellum verticillatis. (*Orbis tot. reg. calid.*) — *Vid. p.* 90.

---

1. Speciosis, albis v. roseis.
2. Spec. 1. *K. vitifolia* W., *loc. cit.* —
WALDST. et KITAIB., *Pl. rar. hung.*, I, 29, t. 3.
— REICHB., *Ic. Fl. germ.*, V, t. 165. — WALP.,
Rep., I, 290.
3. *Diss.*, 40, t. 11, fig. 4, 5. — SAV., in
Lamk Dict., IV, 695; *Ill.*, t. 577. — DC.,
Prodr., I, 458. — ENDL., *Gen.*, n. 5266. —

PAYER, *Thèse Malvac.*, 16.— BENTH., in *Journ.
Linn. Soc.*, VI, 101. — B. H., *Gen.*, 200,
n. 3. — *Palavia* MŒNCH, *Meth.*, 609.
4. Purpureis.
5. Spec. 2, 3. LHÉRIT., *Stirp.*, t. 50 (*Malope*). — LAMK, *Ill.*, t. 577. — *Bot. Mag.*,
t. 3100. — *Bot. Reg.*, t. 1375. — WALP.,
Rep., I, 190.

62. Pavonia Cav. [1] — Calyx 5-fidus v. 5-dentatus, valvatus. Corolla (*Malvearum*) [2] basi connata cum columna staminea apice truncata v. 5-dentata, filamenta ∞, extus infraque gerente ; antheris *Malvearum* [3]. Germen 5-loculare ; loculis alternipetalis (v. nunc oppositipetalis) ; ovulo 1 (*Urenœ*) ; styli ramis 10 (ut in *Urena* positis), apice capitellato stigmatosis. Carpella 5, matura ab axi secedentia, apice rotundata v. truncata, dorso nuda ; coccis nunc extus mucilagine illinitis (*Lopimia* [4]) ; v. 1-3-aristata, dorso nuda, 1-3-aristata v. 1-3-rostrata, nunc reticulata v. echinulata [5], nunc rarius membranaceo-2-alata, indehiscentia (*Lebretonia* [6]) v. plus minus alte 2-valvia (*Asterochlœna* [7]) ; seminibus adscendentibus. — Frutices, suffrutices v. herbæ, glabrescentes, v. sæpius tomentosæ v. hispidæ ; foliis sæpius angulatis v. lobatis ; floribus [8] pedunculatis, nunc ad apices ramulorum breviter racemosis v. capitato- congestis ; bracteolis sub flore 5, v. ∞ [9], nunc distinctis, nunc basi inter se et cum calycis basi connatis [10]. (*Orbis totius reg. calid.* [11])

63 ? Malachra L. [12] — Flores fere *Urenœ ;* calyce 5-fido v. 5-dentato. Carpella 5, matura ab axi secedentia, obovoidea, membranacea v. coriacea, indehiscentia v. angulo interno leviter dehiscentia ; semi-

1. *Diss.*, III, 132, t. 45-47, 49. — Lamk, *Dict.*, V, 102 ; Suppl., IV, 334 ; *Ill.*, t. 585. — DC., *Prodr.*, I, 442. — Endl., *Gen.*, n. 5275 (part.). — Spach, *Suit. à Buffon*, III, 363. — Payer, *Thèse Malvac.*, 21 ; *Organog.*, 38, t. 7. — H. Bn, in *Adansonia*, II, 176 ; in *Payer Fam. nat.*, 281.—A. Dickson, in *Adansonia*, IV, 208, t. 6. — A. Gray, *Gen. ill.*, t. 130. — B. H., *Gen.*, 205, n. 26. — *Thorntonia* Reichb., *Consp.*, 202. — *Diplopenta* Alef., in *OEstr. bot. z. Schr.* (1863), 10.

2. Nunc subabortiva subclausa.

3. In *P. hastata* Cav., flores nonnunquam vidimus omni ætate 5-andros ; scilicet foliis stamineis usque ad finem simplicibus, dum in floribus normalibus semper composita v. lobata, i. e. polyandra demum evadant (vid. *Adansonia*, II, 176). Plantam (verisimiliter eamdem?) cl. F. Mueller (in *Hook. Journ.*, VIII, 8) nomine generico *Greevesiœ* salutavit (Benth., *Fl. austral.*, I, 207 ; — Walp., *Ann.*, VII, 400).

4. Nees et Mart., in *Nov. Act. Nat. cur.*, XI, t. 96. — DC., *Prodr.*, I, 459.

5. Nec, ut in *Urena*, glochidiata.

6. Schranck, *Pl. rar. Hort. monac.*, t. 90. — DC., *Prodr.*, I, 446.

7. Garcke, in *Bot. Zeit.* (1850), 666.

8. Albis, luteis, aurantiacis, rubescentibus, roseis, purpurascentibus v. violaceis.

9. In sect. *Lopimia*.

10. « Gen. *Urenœ* et *Malvavisco* arcte aff., in sect. (pot. quam gen.) plures dividend., Botan. system. sedulo commendatur. » (B. H., *Gen.*, 206.) Sect., ex Endl., 3, scil. : 1. *Eupavonia* (*Pavonia* Nees et Mart.) ; coccis siccis muticis v. apice aristatis, 2- valvibus (incl. : *Typhalea* (DC.), *Malache* (Trew), *Malvaviscoides* (Anotea DC.) ; 2. *Lopimia* (Nees) ; 3. *Lebretonia* (Schr.).

11. Spec. ad 70. H. B. K., *Nov. gen. et spec.*, V, 279, t. 477.—A. S. H., *Pl. us. Bras.*, t. 53 ; *Fl. Bras. mer.*, I, 210, t. 44-47.—Wall., *Pl. as. rar.*, I, 23, t. 26 (*Urena*).—Reichb., *Ic. exot.*, t. 203, 215, 227.—C. Gay, *Fl. chil.*, I, 307.— Moric., *Pl. nouv. amér.*, t. 72-75. — A. Rich., *Fl. cub.*, t. 13. — Thw., *Enum. pl. Zeyl.*, 26. — Griseb., *Fl. brit. W.-Ind.*, 81. — Tr. et Pl., in *Ann. sc. nat.*, sér. 4, XVII, 159. — Mast., in *Oliv. Fl. trop. Afr.*, I, 189. — Harv. et Sond., *Fl. cap.*, I, 169. — Benth., *Fl. austral.*, I, 207.— *Bot. Reg.*, t. 339. — *Bot. Mag.*, t. 3692 (*Lebretonia*), 4365 (*Lopimia*). — Walp., *Rep.*, I, 297 ; II, 789 ; V, 90 ; *Ann.*, I, 100 ; II, 140 ; IV, 303 ; VII, 399.

12. *Mantiss.*, n. 1266. — J., *Gen.*, 272.— DC., *Prodr.*, I, 440. — Endl., *Gen.*, n. 5292. — Payer, *Thèse Malvac.*, 20. — A. Gray, *Gen. ill.*, t. 129.—B. H., *Gen.*, 205, n. 24.

nibus reniformibus adscendentibus cæterisque *Urenæ.*—Herbæ hispidæ ;
foliis angulatis v. lobatis ; floribus [1] in capitula densa axillaria v. terminalia congestis, bracteis foliaceis involucratis ; bracteolis inæqualibus nunc foliaceis inter flores irregulariter mixtis v. 0 [2]. (*America
calid.* [3])

64 ? **Gœthea** Nees et Mart. [4] — Flores fere *Urenæ ;* calyce 5-fido,
valvato v. subreduplicato petalisque brevibus. Stamina ∞ ; columna
apice 5-dentata, infra apicem filamenta exserente. Germen stylusque
(10-ramosus) *Urenæ ;* loculis 5, alternipetalis. Carpella 5, matura ab
axi secedentia, apice rotundata mutica, indehiscentia. Semina adscendentia ; micropyle extrorsum infera. Cætera *Urenæ.* — Frutices ; foliis
integris v. remote et inæquali–dentatis ; floribus [5] axillaribus solitariis
v. sæpissime e ligno caulis (e foliorum olim delapsorum cicatrice)
erumpentibus cymosis ; bracteolis 5, oppositisepalis, v. 4-6, amplis
(coloratis) calycem includentibus [6]. (*Brasilia* [7].)

65. **Malvaviscus** Dill. [8] — Calyx 5–fidus, valvatus. Corolla staminaque *Urenæ ;* columna staminea infra apicem truncata, filamenta ∞
exserente. Germen 5–loculare ; loculis oppositipetalis, 1– ovulatis ;
styli ramis 10 (quorum 5, cum loculis alternantes), apice capitellato
stigmatosis. Fructus subglobosus baccatus ; carpellis demum ab axi
secedentibus, indehiscentibus ; semine adscendente cæterisque *Urenæ.*
— Arbusculæ v. frutices, nunc hispidi ; foliis integris, dentatis v. angulato-lobatis ; floribus [9] sæpius pedunculatis ; bracteolis ∞ , in involucellum sub flore verticillatis. (*America trop. et subtrop.* [10])

1. Albidis v. luteis.

2. Gen. potius ad sect. *Urenæ* reducend. (?)

3. Spec. ad 5 (quar. 2 in reg. calid. orb.
vet. inquilin. lateque dispersæ). Cav., *Diss.*,
II, t. 33, fig. 2. — Jacq., *Ic. rar.*, t. 548,
549. — DC., *Pl. rar. Jard. Gen.*, IV, t. 5. —
A. S. H., *Fl. Bras. mer.*, I, 216. — Tr. et
Pl., in *Ann. sc. nat.*, sér. 4, XVII, 180. —
Turcz., in *Bull. Mosc.* (1858), I, 205. — *Bot.
Reg.*, t. 467. — Walp., *Rep.*, I, 322 ; V, 95 ;
Ann., I, 104 ; II, 156 ; VII, 398.

4. In *Nov. Act. Nat. cur.*, XI, 91, t. 8 (nec
7). — DC., *Prodr.*, I, 501. — Endl., *Gen.*,
n. 5275 d. — Garcke, in *Bonplandia*, IX, 18.
—B. H., *Gen.*, 206, n. 27.—*Schouwia* Schrad.,
in *Gœtt. gel. Anzeig.* (1821), 717 (ex Endl.).

5. Sæpe rubris.

6. Gen. ab *Urenæ* sect. *Pavonia* perianthii
involucellique inflato-vesicarii proportione inflorescentiaque tantum recedit.

7. Spec. 3. *Bot. Mag.*, t. 4677. — Walp.,
Ann., IV, 303 ; VII, 401.

8. *Elth.*, 210, t. 170, fig. 208. — Cav.,
Diss., III, 131, t. 48, fig. 1 (nec Gærtn.). —
DC., *Prodr.*, I, 445. — Endl., *Gen.*, n. 5278.
— Payer, *Thèse Malvac.*, 7, 20 ; *Organog.*,
36, t. 6. — H. Bn, in *Payer Fam. nat.*, 281.
— A. Gray, *Gen. ill.*, t. 131. — B. H., *Gen.*,
206, n. 28. — *Achania* Sw., *Prodr.*, 102 ; *Fl.
ind. occ.*, 1222.

9. Petalis erecto- conniventibus v. superne
patentibus, rubris.

10. Spec. ad 6. A. Rich., *Fl. cub.*, t. 14.—
H. B. K., *Nov. gen. et spec.*, V, 287.—Grised.,
Fl. brit. W.-Ind., 83. — Turcz., in *Bull.
Mosc.* (1858), I, 190. — Seem., *Bot. Her.*, 82.

XI. HIBISCEÆ.

66. Hibiscus L. — Flores hermaphroditi; receptaculo convexo. Calyx 5-dentatus v. 5-fidus, nunc membranaceo v. vesiculoso-inflatus (*Trionum*), valvatus v. reduplicato-valvatus, nunc spathaceo-fissus basique demum circumcissus (*Abelmoschus*). Corolla staminaque *Malvearum;* columna staminea infra apicem 5-dentatum v. truncatum (raro antheriferum) filamenta ∞, cum antheris subreniformibus, extrorsum 1-locularibus, 1-rimosis, exserente. Germen 5-loculare; loculis alternipetalis; ovulis in angulo interno ∞, rarius 2 (*Senra*), v. 3, 4; styli ramis 5, patentibus v. rarius suberectis v. erecto-connatis, aut brevissimis, aut longioribus incrassatis, apice stigmatoso capitato v. subspathulato. Capsula loculicide 5-valvis; endocarpio nunc membranaceo solubili (*Lagunaria*), v. dissepimenta spuria (per dehiscentiam fissa) intra loculos exserente (*Paritium*, *Bombycodendron*). Semina reniformia v. subglobosa, raro obovoidea, glabra v. plus minus tomentosa pilosave, nunc lana gossypina plus minus involuta (*Bombycella*); albumine parco v. 0. — Herbæ, suffrutices, frutices v. arbores, glabræ v. tomentosæ hispidæve; foliis variis, nunc partitis, stipulaceis; floribus solitariis v. cymosis. Bracteolæ sub flore ∞, integræ (*Ketmia*), nunc apice furcatæ v. foliaceo-appendiculatæ (*Furcaria*), liberæ v. basi coalitæ (*Paritium*), rarius 3, nunc ample cordatæ, demum membranaceæ (*Senra*), v. minute setaceæ, vix conspicuæ v. plane nullæ (*Lagunæa, Lagunaria*). (*Orbis tot. reg. trop. et extratrop.*) — *Vid. p.* 91.

67. Gossypium L.[1] — Flores fere *Hibisci;* calyce truncato v. obtuse 5-dentato, v. breviter 5-fido, sæpius nigro-punctato. Corolla *Hibiscearum*. Stamina ∞; columna infra apicem nudum v. sæpius antheriferum multo rarius filamenta exserente; antheris reniformibus, 1-locularibus. Germen 3-5-loculare; loculis ∞-ovulatis; stylo apice clavato, 3-5-sulco v. costato, 3-5-stigmatoso. Capsula loculicide 3-5-valvis; seminibus dense v. rarius parce (*Sturtia*[2], *Thurberia*[3])

— TR. et PL., in *Ann. sc. nat.*, sér. 4, XVII, 268. — *Bot. Reg.*, t. 11 (*Achania*). — *Bot. Mag.*, t. 2305, 2374. — WALP., *Rep.*, I, 307; V, 92; *Ann.*, IV, 307; VII, 401.

1. *Gen.*, n. 845. — ADANS., *Fam. des pl.*, II, 401. — J., *Gen.*, 274. — GÆRTN., *Fruct.*, II, 246, t. 134. — LAMK, *Dict.*, II, 133; Suppl., II, 368; *Ill.*, t. 586. — DC., *Prodr.*, I, 456. — SPACH, *Suit. à Buffon*, III, 388. — ENDL.,

Gen., n. 5286. — PAYER, *Thèse Malvac.*, 24. — B. H., *Gen.*, 209, 982, n. 39. — H. BN, in *Payer Fam. nat.*, 281. — TODAR., *Obs. s. tal. spec. di Col.*, 17. — *Xylon* T., *Inst.*, 101, t. 27.

2. R. BR., *App. Sturt Exped.*, 5. — TODAR., *loc. cit.*, 18.

3. A. GRAY, *Pl. Thurber.*, in *Mem. Am. Acad.*, V, 308, — B. H., *Gen.*, 209, 982,

lanatis; embryonis parce albuminosi cotyledonibus foliaceis valde plicatis, sæpius nigrescenti- punctatis, basi auriculata radiculam rectam
involventibus. — Herbæ elatæ v. rarius frutices subarborei; foliis integris v. sæpius 3–9-lobis v. 3–partitis; floribus [1] pedunculatis axillaribus v. terminalibus; bracteolis sub flore 3, cordatis, sæpius amplis.
nunc angustis acutioribus (*Sturtia*), raro integris, dentatis v. incisis [2].
(*Orbis tot. reg. calid.* [3])

68? **Thespesia** CORR. [4] — Flores fere *Gossypii* (v. *Hibisci*); calyce
truncato, minute v. setaceo- dentato, rarius 5-fido, valvato. Stamina ∞ ; columna infra apicem dentatum v. usque ad apicem filamenta
exserente. Germen 5-loculare; loculis pauciovulatis; stylo ad apicem
clavato, aut 5-sulco, aut in ramos 5, breves erectos clavatos stigmatiferos, diviso. Capsula lignoso- coriacea, subglobosa v. plus minus elongata, loculicide 5-valvis v. tarde ægreve dehiscens; seminibus glabris
v. plus minus lanatis; embryone *Gossypii*. — Arbores v. herbæ elatæ;
foliis stipulaceis, integris v. angulato-lobatis; floribus [5] pedunculatis
axillaribus; bracteolis sub flore 3-5, parvis v. deciduis [6]. (*Asia trop.*,
Malacassia, Arch. pacif. [7])

69? **Fugosia** J. [8] — Flores fere *Gossypii* (v. *Hibisci*) ; calyce 5-fido,
valvato. Columna staminea sub apice dentato, truncato antherifero filamenta ∞ exserens. Germen 3, 4-loculare; loculis pauci- v. ∞ - ovu-

n, 38. — TORR., *Bot. Mex. Bound. Surv.*, t. 6.
— ? *Ingenhousia* MOÇ. et SESS., in *DC. Prodr.*,
I, 474 (ex B. H., *loc. cit.*).

1. Albis, roseis v. purpureis, sæpius flavis,
majusculis speciosis.

2. Sæpius, uti calyx cotyledonesque, nigro-
punctatis.

3. Spec. 4 (ex B. H.), 7 [ex PARL., *Spec. d.
Cot. fir.* (1866), c. ic.], 43, quar. incert. 9 (ex
TODAR., *op. cit.*). CAV., *Diss.*, VI, t. 164,
166-169, 193. — A. S. H., *Fl. Bras. mer.*, I,
254. — WIGHT, *Ill.*, t. 27, 28 C ; *Ic.*, t. 9-11.
— ROYL., *Ill. himal.*, t. 23. — REICHB., *Ic. Fl.
germ.*, V, t. 180. — C. GAY, *Fl. chil.*, I, 309.
— MAST., in *Oliv. Fl. trop. Afr.*, I, 210. —
H. BN, in *Adansonia*, X, 174. — BENTH., *Fl.
austral.*, I, 222. — GRISEB., *Fl. brit. W.-Ind.*,
85. — SEEM., *Fl. vit.*, 19. — TR. et PL., in
Ann. sc. nat., sér. 4, XVII, 170. — WALP.,
Rep., I, 312; V, 93 ; *Ann.*, II, 149; IV, 307
(*Thurberia*), 309 ; VII, 409.

4. In *Ann. Mus.*, IX, 290, t. 8, fig. 2. —
DC., *Prodr.*, I, 455. — ENDL., *Gen.*, n. 5284.
— PAYER, *Thèse Malvac.*, 21. — B. H., *Gen.*,

208, n. 37.— *Malvaviscus* GÆRTN., *Fruct.*, II,
253, t. 135 (nec DILL.). — *Tiparium* GARCKE,
in *Bot. Zeit.* (1849), 824. — *Azanza* ALEF.,
in *Bot. Zeit.* (1861), 297 (nec DC.).

5. Speciosis, sæpius flavis.

6. Gen. hinc *Gossypio*, inde *Paritio* inter
Hibiscos valde affine et horum forte ad sectio-
nem reducendum (vid. GARCKE, *loc. cit.*), styli
sæpiusque seminum indole distinguendam.

7. Spec. 5, 6. WIGHT, *Icon.*, t. 5, 8. —
SEEM., *Fl. vit.*, 18. — THW., *Enum. pl. Zeyl.*,
27. — BENTH., *Fl. austral.*, I, 221. — MAST.,
in *Oliv. Fl. trop. Afr.*, I, 209. — WALP., *Rep.*,
I, 812 (part.).

8. *Gen.*, 274. — DC., *Prodr.*, I, 457. —
ENDL., *Gen.*, n. 5279. — PAYER, *Thèse Malvac.*, 24. — B. H., *Gen.*, 208, 439, 982,
n. 36. — *Cienfugosia* CAV., *Diss.*, 174, t. 72,
fig. 2. — GARCKE, in *Bonplandia*, VIII, 148.
— *Cienfuegia* W., *Spec. pl.*, III, 723.— *Redou-
tea* VENT., *Jard. Cels*, t. 11. — ? *Bombyco-
spermum* PRESL, *Rel. Hænk.*, II, 137, t. 71. —
Elidurandia BUCKL., in *Proceed. Amer. Acad.*
(1861), 450 (ex A. GRAY).

latis; stylo ad apicem clavato, 3, 4-sulco v. in ramos 3, 4, breves erectos clavatos stigmatiferos, diviso. Capsula loculicide 3, 4-valvis; seminibus subglobosis, sæpius pubescentibus v. lanatis; embryonis parce albuminosi cotyledonibus 2, 3-plicatis, basi auriculata radiculam brevem involventibus. — Frutices v. suffrutices [1]; foliis integris, lobatis v. rarius partitis; floribus [2] plerumque solitariis axillaribus pedunculatis; bracteolis sub flore 3-∞, sæpius parvis v. deciduis, nunc dentiformibus [3]. (America calid., Africa trop., Australia [4].)

70? **Kosteletzkya** PRESL. [5] — Flores fere *Hibisci;* columna staminea filamenta ∞, sub apice integro v. 5-dentato, exserente. Germen 5-loculare; ovulis in loculo solitariis adscendentibus; micropyle extrorsum infera; styli ramis 5, apice stigmatoso capitato v. nunc dilatato. Capsula depressa, prominulo-5-angularis, loculicida; seminibus solitariis reniformibus adscendentibus; cæteris *Hibisci.* — Frutices v. herbæ, sæpius hispidi v. scabri; foliis nunc sagittatis v. angulatolobatis; floribus [6] solitariis v. pluribus axillaribus, nunc in racemos simplices ramasosve dispositis; bracteolis sub calyce 7-10, nunc parvis v. 0. (*America calid.* [7])

71. **Decaschistia** WIGHT et ARN. [8] — Flores fere *Hibisci* (v. *Kosteletzkyæ*); columna staminea sub apice filamenta ∞ exserente. Germen 10-loculare; loculis 1-ovulatis; styli ramis 10, apice stigmatoso capitellatis. Capsula loculicide 10-valvis; seminibus reniformibus adscendentibus; micropyle extrorsum infera. — Frutices v. herbæ tomentosi; foliis integris v. lobatis; floribus in axillis supremis solitariis v. ad summos ramulos glomeratis, breviter pedicellatis; bracteolis 10, sub flore verticillatis. (*India or.* [9])

---

1. Habitu *Hibisci.*
2. Sæpius flavis, speciosis.
3. Potius fors. cum *Thespesia* et *Hibiscum* in gen. un. conjungend.?
4. Spec. 10-12. A. S. H., *Fl. Bras. mer.*, I, 254, t. 49, 50. — BENTH., *Fl. austral.*, I, 219. — MAST., in *Oliv. Fl. trop. Afr.*, I, 208. — *Bot. Mag.*, t. 4218, 4261. — WALP., *Rep.*, I, 307; V, 92; *Ann.*, IV, 308; VII, 408, 409 (*Elidurandia*).
5. *Rel. Hænk.*, II, 130, t. 70. — DC., *Prodr.*, I, 447. — ENDL., *Gen.*, n. 5276. — PAYER, *Thèse Malvac.*, 20. — A. GRAY, *Gen. ill.*, t. 132. — B. H., *Gen.*, 206, n. 29. —

Thorntonia REICHB., *Consp.*, 202 (part.).
6. Flavidis, roseis v. purpureis; corolla patente v. erecto-convoluta.
7. Spec. ad 5. CAV., *Diss.*, III, t. 50 (*Hibiscus*). — DC., *Prodr.*, I, 447 (*Hibisci* sect. *Pentaspermum*). — GRISEB., *Fl. brit. W.-Ind.*, 83. — TURCZ., in *Bull. Mosc.* (1858), I, 192. — TR. et PL., in *Ann. sc. nat.*, sér. 4, XVII, 165. — WALP., *Rep.*, I, 302; *Ann.*, I, 100; II, 142; IV, 304; VII, 401.
8. *Prodr. Fl. penins. ind.*, 52; *Icon.*, t. 42, 88. — ENDL., *Gen.*, n. 5285. — PAYER, *Thèse Malvac.*, 20. — B. H., *Gen.*, 206, n. 30.
9. Spec. 2. WALP., *Rep.*, I, 312.

72. Julostyles THW. [1] — Calyx 5-fidus, valvatus. Petala (fundo maculata) in corollam cupulatam basi connata. Stamina 10, 2-seriata; filamentis in columnam apice 5-dentatam connatis[2]. Germen 2-loculare; ovulis in loculis singulis 2, collateraliter adscendentibus; micropyle extrorsum infera; styli ramis 2, dense lanatis, apice late peltato-stigmatosis. Capsula globosa stellato-hispida, 2-valvatim dehiscens (?). — Arbor; foliis lanceolatis v. ovato-lanceolatis integris, basi 3-nerviis; floribus crebris in racemos amplos, valde ramosos cymiferos pendulos, dispositis, calyculo e bracteis 4, latis, calyce longioribus, basi subconnatis, constante, cinctis. (*Zeylania* [3].)

73. Dicellostyles BENTH. [4] — Calyx 5-fidus, valvatus. Corolla fere *Julostylidis*. Stamina ∞ ; columna abbreviata sub apice filamenta ∞ exserente. Germen 2-loculare (fere *Julostylidis*); styli ramis 2, apice late globoso stigmatosis. Capsula globosa stellato-hispida, 8-costata; coccis 2, indehiscentibus ab axi solutis; seminis (abortu in coccis singulis solitarii) reniformis adscendentis albumine carnoso; embryonis incurvi radicula brevi; cotyledonibus 2-plicatis. — Arbores glabrescentes v. stellato-tomentosae; foliis integris v. subdentatis, nunc breviter 3-5-lobis; floribus solitariis axillaribus pedunculatis; bracteis 4-6, sub flore in involucrum (subpollicarem) verticillatis, lanceolatis, basi subconnatis, stellato-patentibus, calyce multo longioribus. (*India or. mont., Zeylania* [5].)

XII. BOMBACEÆ.

74. Bombax L. — Flores regulares hermaphroditi; receptaculo depresso v. leviter concavo. Calyx (inde nunc leviter perigynus) cupulatus, truncatus v. irregulariter 3-5-lobus. Corolla (malvacea); petalis angustis v. obovatis plerumque pubescentibus, saepius basi inter se et cum androceo connatis, in alabastro tortis. Stamina ∞ ; columna superne soluta in filamenta ∞ , 1-antherifera, v. rarius 2-antherifera (*Eriotheca*); interioribus v. fere omnibus plus minus 2-natim connatis basique 5-adelphis;

1. THW., *Enum. pl. Zeyl.*, 30. — B. H., *Gen.*, 207, n. 31.
2. Pollen *Hibiscearum*. Perianthium quoque et antheræ ut in *Malveis* (nec *Sterculiearum*).
3. Spec. 1. *J. angustifolia* THW., *loc. cit.*

— WALP., *Ann.*, VII, 402. — *Kydia angustifolia* ARN.
4. *Gen.*, 207, n. 32.
5. Spec. 2. GRIFF., *Notul.*, IV, 534, t. 595 (*Kydia*). — THW., *Enum. pl. Zeyl.*, 30 (*Kydia*).

antheris 1-locularibus, plus minus arcuatis, ad marginem rimosis. Germen liberum, 5-loculare; loculis ∞ - ovulatis; stylo ad apicem clavatum 5-gono v. brevissime 5- fido. Capsula coriacea v. plus minus lignosa, loculicida; loculis 5, intus lana densissima (e pericarpio intus orta) semina involvente, vestitis. Semina subglobosa v. ovoidea; testa crustacea lævi v. opaca, sæpius ad hilum lateralem nuda; embryonis parce albuminosi cotyledonibus valde contortuplicatis, radiculam rectam sæpius involventibus. — Arbores excelsæ, apice sæpe dense comosæ; foliis alternis longe petiolatis (stipulis deciduis), digitatis; foliolis 3–9, petioli apici in discum expanso continuis, integris v. subintegris; floribus pedunculatis, axillaribus v. subterminalibus, solitariis v. cymoso-fasciculatis. (*America, Asia et Africa trop.*) — *Vid. p.* 96.

75. **Eriodendron** DC. [1] — Perianthium *Bombacis*, receptaculo plus minus concavo perigyne insertum. Columna staminea extus nuda (nec annulata), apice in ramos 5, elongatos, 2, 3-antheriferos, divisa; antheris adnatis linearibus v. anfractuosis, in ramis singulis antheram unicam simulantibus. Germen *Bombacis;* loculis 5, ∞ - ovulatis; stylo apice stigmatoso clavato, 5–gono. Capsula lignosa v. coriacea 5–locularis; seminibus ∞, globosis v. obovoideis, lana densa (endocarpii) involuta; testa lævi, ad hilum nunc arillata, embryonis parce albuminosi v. exalbuminosi cotyledonibus valde contortuplicatis, radiculam incurvam v. inflexam involventibus. — Arbores inermes v. aculeatæ; foliis digitatis; foliolis 3-7, integris; floribus pedunculatis, axillaribus, lateralibus v. subterminalibus, solitariis v. fasciculato-cymosis. (*Orb. tot. reg. trop.* [2])

76. **Chorisia** H. B. K. [3] — Perianth ium *Bombacis*. Columna staminea extus infra medium lobis 5, brevibus anantheris, annulata, apice 5–dentata v. 5- fida; dentibus v. ramis 2- antheriferis, antheris adnatis linearibus v. anfractuosis (in dentibus v. lobis singulis antheram unicam

1. DC., *Prodr.*, I, 479. — ENDL., *Gen.*, n. 5302.— H. BN, in *Payer Fam. nat.*, 286.— B. H., *Gen.*, 210, n. 43. — *Erione* SCHOTT, *Melet.*, 34. — *Campylanthera* SCHOTT, *loc. cit.* — *Gossampinus* SCHOTT, *loc. cit.*, 35. — *Ceiba* PLUM., *Gen.*, t. 32. — GÆRTN., *Fruct.*, t. 133.

2. CAV., *Diss.*, t. 151, 152. — A. S. H., *Fl. Bras. mer.*, I, 264, t. 52. — MART., *Nov. gen. et spec.*, I, t. 96-98. — WIGHT, *Icon.*, t. 400. — SPACH, *Suit. à Buffon*, III, 427. — THW.,

Enum. pl. Zeyl., 28. — GRISEB., *Fl. brit. W.-Ind.*, 88. — A. GRAY, *Amer. expl. Exp.*, I, 182. — MAST., in *Oliv. Fl. trop. Afr.*, *Bot.*, I, 213. — TR. et PL., in *Ann. sc. nat.*, sér. 4, XVII, 322. — *Bot. Mag.*, t. 3360. — WALP., *Rep.*, I, 330; *Ann.*, II, 159; IV, 318.

3. *Nov. gen. et spec.*, V, 295, t. 485. — DC., *Prodr.*, I, 480. — ENDL., *Gen.*, n. 5299. — B. H., *Gen.*, 210, n. 44.

simulantibus) [1]. Germen *Bombacis ;* loculis 5, nunc incompletis,
∞ - ovulatis; stylo filiformi, e tubo stamineo breviter exserto, apice
stigmatoso capitato, obscure 5- lobo. Capsula lignosa loculicida, incom-
plete 3-5-loculis, 3- valvis; valvis medio intus septiferis; seminibus lana
densa (endocarpii ?) involutis. — Arbores aculeatæ; foliis alternis
longe petiolatis digitatis; foliolis 5–7, integris v. serratis, cum petiolo
articulatis; floribus [2] pedunculatis axillaribus v. subracemosis; bracteolis sub flore 2, 3 [3]. (*America trop.* [4])

77. Pachira AUBL. [5] — Calyx cupulatus, apice truncatus v. obsolete
5-dentatus. Petala (fere *Bombacis*) calyce multo longiora, oblonga
v. linearia, basi hypogyna v. leviter perigyna, extus sæpe tomentosa,
præfloratione ad apicem torta v. involuta [6], sub anthesi erecto-patentia
v. demum sæpius recurva v. revoluta. Stamina ∞; columna superne
soluta in filamenta ∞, 1- antherifera, sæpe basi 2-natim connata.
5-∞-adelpha[7]; antheris reniformibus, 1- locularibus, ad marginem
curvo-rimosis. Germen liberum sessile; loculis 5, ∞ - ovulatis; stylo
ad apicem clavato, breviter stigmatoso-5-lobo. Fructus oblongus v.
subglobosus, coriaceus v. lignosus, loculicidus, ob septa maturitate
obliterata sæpe demum sub-1-locularis; valvis 5, intus glabris. Semina ∞, subquadrato-cuneata, extus lævia, nuda; testa crustacea;
hilo sæpius lato; embryonis parce albuminosi v. exalbuminosi cotyledonibus carnosis involuto- plicatis, radiculam rectam involventibus. —
Arbores, sæpe excelsæ; coma densa; foliis alternis digitatis; foliolis
3–9, basi nunc articulatis, integris; stipulis deciduis; floribus pedunculatis axillaribus solitariis; bracteolis 2, 3. (*America trop.* [8], *Madagascaria ?.*)

1. « In *C. rosea* SEEM. (*Bot. Her.*, 84), columnæ stamineæ rami ut in *Eriodendro* elongati, apice antheriferi, sed annulus exterior ut
in *Chorisia* adest. » (B. H., *loc. cit.*)

2. Roseis v. rubescentibus.

3. Gen. vix ab *Eriodendro* distinguend.

4. Spec. 3, 4. A. S. H., *Pl. us. Bras.*, t. 63;
Fl. Bras. mer., I, 266.— TR. et PL., in *Ann.
sc. nat.*, sér. 4, XVII, 321. — WALP., *Rep.*,
I, 329; *Ann.*, IV, 348.

5. *Guian.*, 725, t. 291, 292. — J., *Gen.*,
279. — LAMK, *Dict*, IV, 690; *Ill.*, t. 589.
— DC., *Prodr.*, I, 478. — ENDL., *Gen.*,
n. 5298. — H. BN, in *Payer Fam. nat.*, 286.
— B. H., *Gen.*, 210, n. 41. — *Carolinea*
L. F., *Suppl.*, 51.— SPACH, *Suit. à Buffon*, III,
423. — SCHOTT et ENDL., *Melet.*, 35.

6. Nunc ad basin valvata imaque basi plus
minus induplicata.

7. Fasciculis nunc 2- seriatis; exterioribus 5 ;
staminibus interioribus nunc basi 1-adelphis.
Filamenta sæpe decomposita (i. e. nunc ter qua-
terque 2-fida).

8. Spec. ad 15. CAV., *Diss.*, III, 176, t. 72.
— H. B. K., *Nov. gen. et spec.*, V, 301. —
A. S. H., *Fl. Bras. mer.*, I, 258, t. 51. —
MART., *Nov. gen. et spec.*, I, t. 56. — HOOK.,
Exot. Fl., II, t. 100. — CASAR., *Nov. stirp.
bras. Dec.*, 21. — GRISEB., *Fl. brit. W.-Ind.*,
87. — TR. et PL., in *Ann. sc. nat.*, sér.
4, XVII, 319. — *Bot. Mag.*, t. 1412, 4508,
4549. — WALP., *Rep.*, I, 329; II, 793; V,
95; *Ann.*, II, 159; VII, 416.

78. **Adansonia** L. [1] — Calyx ovoideus v. oblongus, demum sub-campanulatus, 5-fidus, intus sericeus, valvatus, deciduus. Petala (malvacea) calyce multo longiora, oblonga v. obovata, convoluta. Stamina ∞; columna ima basi cum corolla connata, mox soluta in filamenta ∞, longiuscula, 1-antherifera; antheris terminalibus reni-formibus, 1-locularibus. Germen liberum; loculis 5-10, ∞-ovulatis; stylo apice in ramos breves 5-10, stigmatosos stellato-patentes, diviso. Fructus oblongus, nunc obovoideus v. subglobosus lignosus, indehis-cens; loculis pulpa farinosa farctis. Semina ∞, in pulpa demum siccata, nidulantia, reniformi-globosa v. angulata; testa crassa; hilo laterali; embryonis parce albuminosi, arcuati, cotyledonibus valde contortu-plicatis, radiculam leviter curvam involventibus. — Arbores; trunco brevi crassissimo, diametri gigantei; ramis patentibus v. interdum deflexis, e summo trunco in comam latam densam radiantibus; foliis digitatis; foliolis 3-9, integris, brevissime petiolatis; stipulis deci-duis; floribus axillaribus solitariis pedunculatis, pendulis; bracteolis 2. (*Africa trop.*, *Asia trop.* ?, *Australia* [2].)

79. **Quararibea** Aubl. [3] — Flores elongati; calyce oblongo-obco-nico, apice 3-5-dentato v. breviter 3-5-lobo, nunc inæquali-fisso, valvato. Petala 5, obovato-oblonga v. oblongo-linearia, basi valde angus-tata, plus minus tubi staminei basi adnata, imbricata v. torta. Sta-mina ∞; filamentis in columnam tubulosam longiusculam v. valde elon-gatam exsertamque connata; tubo apice extus antherifero subintegro (*Euquararibea*), v. 5-dentato (*Myrodia* [4]), nunc breviter (*Matisiopsis* [5]) v. longius (*Matisia*) 5, 6-fido; antheris breviter stipitatis v. sessilibus, extrorsis; loculis aut discretis (*Euquararibea*, *Matisia* [6]), aut divari-

1. *Gen.*, n. 836. — Adans., *Fam. des pl.*, II, 399. — J., *Gen.*, 275. — Gærtn., *Fruct.*, II, 253, t. 135. — Lamk, *Dict.*, I, 370; Suppl., I, 575; *Ill.*, t. 588. — DC., *Prodr.*, I, 478. — Spach, *Suit. à Buffon*, III, 419. — Endl., *Gen.*, n. 5297. — H. Bn, in *Payer Fam. nat.*, 286. — B. H., *Gen.*, 209, n. 40. — *Ophelus* Lour., *Fl. cochinch.*, 412. — *Baobab* P. Alp., *Ægypt.*, 66, t. 67.—Adans., in *Act. par.* (1759), t. 1, 2:(1764),218, t. 16,17. 2. Spec. 2. Cav., *Diss.*, V, 298, t. 157. — Guillem. et Perr., *Fl. Sen. Tent.*, I, 76. — F. Muell., in *Hook. Journ.*, IX, 14. — Thw., *Enum. pl. Zeyl.*, 28.—Benth., *Fl. austral.*, I, 222. — Mast., in *Oliv. Fl. trop. Afr.*, I, 212. — *Bot. Mag.*, t. 2791. — Walp., I, 399; VII, 416.

3. *Guian.*, 691, t. 278 (1775). — DC., *Prodr.*, I, 477. — Endl., *Gen.*, n. 5313 b.— B. H., *Gen.*, 212, n. 49. — H. Bn, in *Payer Fam. nat.*, 285; in *Adansonia*, X, 146 (incl. : *Matisia* K., *Myrodia* Sw.). — *Gerberia* Scop., *Introd.*, n. 1297.
4. Sw., *Prodr.*, 102 (1783); *Fl. ind. occ.*, II, 1227. — Schreb., *Gen.*, n. 1147. — DC., *Prodr.*, I, 477. — Spach, *Suit à Buffon*, III, 415. — Endl., *Gen.*, n. 5313. — H. Bn, in *Payer Fam. nat.*, 285; in *Adansonia*, II, 172; IX, 146.— B. H., *Gen.*, 219, n. 8. — *Lexarza* Llave, *Nov. stirp.*, II, 7.
5. H. Bn, in *Adansonia*, X, 148.
6. H. B., *Pl. æquin.*, I, 9, t. 2, 3. — DC., *Prodr.*, I, 477. — Endl., *Gen.*, n. 5314. — B. H., *Gen.* 211, n. 48.

catis, nunc plus minus ad apicem confluentibus (*Myrodia*), longitudinaliter rimosis. Germen sessile, 2-5-loculare; ovulis in loculis[1]
singulis 2, v. rarius 3, 4, adscendentibus v. descendentibus; stylo gracili
v. filiformi in androcæi tubo pervio libero, apice stigmatoso plus minus
dilatato v. subcapitato sublobato. Fructus sæpius subglobosus, nunc
sub- 2-dymus, raro fibroso-pulposus (*Eumatisia*), v. sæpius parce
carnosus (*Myrodiopsis*[2]), coriaceo- v. suberoso-fibrosus, indehiscens
v. inæquali-partibilis[3]; loculis 1-5, oligo- v. 1-spermis. Semina lateraliter affixa, descendentia v. subascendentia; albumine parco, mu-
coso v. subcartilagineo; embryonis carnosuli cotyledonibus contortuplicatis v. inæqualibus subconferruminatis, radiculam involventibus. —
Arbores v. frutices, sæpe aromatici, odore *Meliloti* (*Myrodia*); foliis
alternis, integris v. subdentatis, penninerviis v. basi 3-5-nerviis, nunc
palminerviis (*Eumatisia*), subtus glabris v. tomentosis; stipulis minutis
linearibus; floribus[4] axillaribus, v. sæpissime lateralibus v. oppositifoliis, solitariis v. cymosis paucis; bracteis paucis parvis plus minus
a flore remotis. (*America trop.* [5])

80. Ochroma Sw.[6] — Flores ampli; calyce tubuloso-subinfun-
dibuliformi, apice 5-lobo; lobis dissimilibus, hinc v. utrinque dilatatis;
marginibus induplicatis v. partim imbricatis. Corolla (*Bombacearum*)
5-mera, calyce longior, contorta, demum revoluta. Stamina ∞; columna
subinfundibuliformi, apice breviter 5-loba, a medio ad apicem antheris adnatis elongato-anfractuosis dense obtecta. Germen sessile
liberum; loculis 5, ∞-ovulatis; stylo apice stigmatoso integro cylin-
draceo spiraliter 5-sulco. Capsula elongata, 5-10-gona, nunc com-
pressiuscula, loculicide 5-valvis; pericarpio extus breviter, intus densis-
sime lanato-villoso; valvis medio septiferis. Semina ∞, obovoidea v.
oblonga, lana carpica involuta; testa tenuiter coriacea; hilo basilari
exarillato; albumine carnoso; embryonis carnosuli cotyledonibus latis,

---

1. Nunc inter ovulos (in *Q. turbinata*) spurie
septatis.
2. TRIANA et PL., in *Ann. sc. nat.*, sér. 4,
XVII, 326.
3. Apice sæpius in acumen breve recte truncatum producto.
4. Albis v. roseis, nunc cum columna elongata (in sect. *Euquararibea*) 2, 3-pollicaribus.
5. Spec. ad 15. CAV., *Diss.*, III, 175, t. 71,
fig. 2. — H. B. K., *Nov. gen. et spec.*, V, 306
(*Matisia*). — A. S. H., *Fl. Bras. mer.*, I, 268,
t. 51 (*Myrodia*). — PŒPP. et ENDL., *Nov. gen.*

et spec., II, 35, t. 150 (*Matisia*). — TR. et
KARST., *Nov. pl. Fl. nov.-gran.*, 24; in *Linnæa*
(1857), 86. — BENTH., in *Journ. Linn. Soc.*,
VI, 115. — TR. et PL., in *Ann. sc. nat.*, sér. 4,
XVII, 324. — H. BN, in *Adansonia*, X, 180.—
WALP., *Rep.*, I, 331 (*Myrodia*), 332 (*Matisia*);
II, 794 (*Myrodia*); V, 97 (*Myrodia*); VII, 417
(*Matisia*), 422 (*Myrodia*).
6. In *Act. holm.* (1792), 148, t. 6; *Prodr.
Fl. ind.-occ.*, 97; *Fl.*, 1143, t. 23. — DC.,
Prodr., I, 480. — ENDL., *Gen.*, n, 5306. —
B. H., *Gen.*, 212, n. 51.

marginibus involutis; radicula brevi. — Arbores; foliis alternis petiolatis angulato-lobatis, subtus pubescentibus; stipulis plerumque ovato-
lanceolatis, deciduis; floribus ad apices ramorum pedunculatis. (*America trop.* [1])

81. **Cavanillesia** Ruiz et Pav.[2] — Calyx subcampanulatus, 5-fidus,
valvatus. Petala 5, calyce 2, 3-plo longiora, basi intus glandula aucta,
torta. Stamina ∞; columna ima basi cum petalis connata, supra basin
contracta, mox in filamenta ∞, 5-adelpha, 1-antherifera, soluta;
antheris reniformibus, 1-locularibus. Germen 3-5-loculare; ovulis
in loculis singulis 2, imo angulo interno insertis, adscendentibus; micropyle extrorsum laterali; stylo apice stigmatoso capitato. Fructus ample
verticaliter 5-alatus, siccus, centro lineari-lignosus, indehiscens. Semen
plerumque 1, pulpa gummosa involutum, suberectum; embryonis
exalbuminosi cotyledonibus contortuplicatis radiculam brevem inferam
involventibus. — Arbores altæ; coma sæpe per anthesin aphylla; pube
stellata; foliis alternis petiolatis digitato-5-7-lobis; floribus ebracteolatis [3] in cymas umbelluliformes dispositis. (*America trop.* [4])

82. **Hampea** Schltl. [5] — Flores hermaphroditi v. sæpius polygami;
calyce cyathiformi, recte truncato v. obscure 5-crenato dentatove, valvato v. leviter imbricato. Petala 5, calyce longiora oblique obovata, basi
inter se et cum tubo stamineo connata, intus basi villosa; præfloratione
torta. Stamina ∞, 1-adelpha; tubo brevi; filamentis mox liberis elongatis; antheris reniformibus. Germen (in flore masculo rudimenta-
rium v. 0) 3-loculare; stylo brevi, apice in lobos stigmatosos breves
crassos diviso. Ovula in loculis pauca. Capsula globosa, basi calyce
cincta, loculicida, intus plus minus dense villosa. Semina pauca inæ-
quali-ovoidea v. subglobosa; funiculo in arillum conoideum crasso-
carnosum dilatato; albumine parco membraniformi; embryonis carnosi
oleoso-punctati cotyledonibus valde contortuplicatis, radiculam rectam
inferam involventibus. — Arbusculæ; foliis alternis, plerumque longe
petiolatis stipulaceis integris, basi cordatis v. subcordatis palminerviis;

---

1. Spec. 1, 2. Cav., *Diss.*, V, t. 153 (*Bom-
bax*). — W., *Enum.*, 695. — Grised., *Fl. brit.
W.-Ind.*, 88. — Tr. et Pl., in *Ann. sc. nat.*,
sér. 4, XVII, 323.
2. *Prodr. Fl. per. et chil.*, 97, t. 20. —
Corr., in *Ann. Mus.*, IX, t. 26. — Endl.,
Gen., n. 5304. — B. H., *Gen.*, 214, n. 47. —
Pourretia W., *Spec. pl.*, III, 844 (nec alior.).
— DC., *Prodr.*, 1, 477.

3. Parvis, roseis.
4. Spec. 2, 3. H. B., *Pl. æquin.*, II, t. 113.
— W., *Spec. plant.*, III, 844 (*Pourretia*). —
H. B. K., *Nov. gen. et spec.*, II, 305, t. 133.
— Tr. et Pl., in *Ann. sc. nat.*, sér. 4, XVII,
323.
5. In *Linnæa*, XI, 371 (nec Nees). —
Endl., *Gen.*, n. 5310. — B. H., *Gen.*, 214,
n. 45.

stipulis anguste linearibus, sæpe acuminatis, deciduis; floribus axillaribus
cymosis; bracteis 3, summo pedicello insertis [1]. (*Columbia, Mexico* [2].)

83. **scleronema** Benth. [3] — Calyx clavato- campanulatus, 4, 5-lo-
bus, valvatus. Petala 4, 5, torta, basi vix columnæ stamineæ adnata.
Stamina 8; filamentis basi in columnam brevem tubulosam connatis,
mox liberis, ad apicem incrassatis; anthera terminali subtransversa,
1-loculari, rimosa. Germen superum, 2-4-loculare, columnæ cavitate
inclusum; stylo apice minute 2-4-dentato. Ovula in loculis singulis 2,
collateraliter adscendentia. — Fructus...? — Arbor ampla; foliis alternis
integris coriaceis nitidis, oblique penninerviis, basi sub 3-nerviis; floribus axillaribus, 1-3-nis; pedicellis breviusculis, apice sub calyce minute
2-3-bracteolatis [4]. (*America trop.* [5])

84. **Durio** L. [6] — Flores hermaphroditi majusculi; calyce sæpius
subcampanulato, 5-fido, dense extus lepidoto. Petala 3-5, unguiculata,
torta v. rarius imbricata. Stamina ∞; columna superne divisa in filamenta ∞, 4-6-adelpha; antheris ∞, filamentis singulis summis capitatis adnatis anfractuosis, inæquali-rimosis. Germen 5-loculare; ovulis ∞, 2-seriatis; stylo elongato, apice stigmatoso capitato. Fructus
(maximus) globosus sublignosus, nunc dense conico-muricatus, indehiscens v. ægre inæquali-5-partibilis, intus pulposus; seminibus in pulpa
immersis (arillatis?); embryonis carnosi cotyledonibus crassis, sæpe
conferruminatis. — Arbores; foliis integris coriaceis, subtus lepidotis,
parallele tenuiter penninerviis; floribus in cymas laterales dispositis;
involucro circa flores singulos sacciformi valvato lepidoto (calycem exte-
riorem simulante), demum irregulariter fisso [7]. (*Arch. ind., Malacca* [8].)

1. An distinct. *Montezuma* (DC., *Prodr.*, I,
477; — B. H., *Gen.*, 212, n. 50) arbor mexi-
cana, ex icon. tant. nota, cui calyx dicitur he-
misphæricus truncatus; staminibus spiraliter
1-adelphis; stylo clavato et fructu baccato;
loculis 4, 5, ∞-spermis?
2. Spec. 2. Tr. et Pl., in *Ann. sc. nat.*,
sér. 4, XVII, 188. — Walp., *Ann.*, VII, 417.
3. In *Journ. Linn. Soc.*, VI, 109. — B. H.,
Gen., 211, n. 46.
4. « Gen. *Hampeæ* quodammodo affine »
(Benth.), *Quararibeam* alabastro nonnihil re-
ferens.
5. Spec. 1. *S. Spruceana* Benth., *loc. cit.*
— Walp., *Ann.*, VII, 417.
6. *Syst. nat.*, ed. 13, 581. — Adans., *Fam.
des pl.*, II, 399. — Lamk, *Dict.*, II, 333;
Suppl., II, 530; *Ill.*, t. 641. - - DC., *Prodr.*,

I, 480. — Kœn., in *Trans. Linn. Soc.*, VII,
266, t. 14-16. — Spach, *Suit. à Buffon*, III,
439. — Endl., *Gen.*, n. 5305. — B. H., *Gen.*,
213, n. 55.
7. Ad *Durionem* proxim. acced. videtur *Lahia*
(Hassk., *Hort. bogor.*, ed. nov., 99; — B. H.,
Gen., 213, n. 56), nobis omnino ignota, arbor
bornuensis, cui dicuntur : flores involucro 2,
3-fido cincti; calyx obsolete sub-3-fidus, petala 5, staminumque filamenta ∞, sublibera,
apice 2-furca, demum ∞-antherifera; antheris
liberis reniformibus, et germen 5-loculare; loculis ∞-ovulatis. Folia integra et inflorescentiæ
dense lepidotæ *Durionem* quoque valde in men-
tem revocant.
8. Spec. 1, 2. Rumph., *Herb. amboin.*, I,
99, t. 29. — Wallace, in *Hook. Journ.*, VIII,
228. — Miq., *Fl. ind.-bat.*, I, p. II, 167.

85. **Cullenia** Wight [1]. — Calyx tubulosus, 5-dentatus. Corolla 0. Stamina ∞; columna supera elongata, 5-fida; antheris parvis subglobosis, secus ramos androcæi glomeratis. Germen 5-loculare; ovulis in loculis singulis 2, adscendentibus; micropyle extrorsum infera; stylo elongato, apice capitato stigmatoso. Fructus globosus dense muricatus, demum 5-valvis; seminibus arillo (?) carnoso involutis; embryonis carnosi cotyledonibus crassis inæqualibus. — Arbor procera; foliis subtus lepidotis (*Durionis*); floribus axillaribus cymoso-fasciculatis breviter pedunculatis; singulis involucello tubuloso calyciformi valvato sub-3-5-dentato lepidoto (deciduo) cinctis. (*Zeylania* [2].)

86. **Neesia** Bl. [3] — Calyx subglobosus v. sub anthesi acetabuliformi-depressus, irregulariter inflexo-5-lobus, valvatus. Petala 5. Stamina ∞, basi breviter 4-6-adelpha; filamentis singulis 1-v. rarius 2-antheriferis; antheris subglobosis, 1-locularibus, in annulum confluentibus. Germen 5-loculare; ovulis in loculis singulis 2, v. paucis adscendentibus; micropyle extrorsum infera; stylo brevi, apice subcapitato stigmatoso. Fructus ovoideus lignosus dense muricatus, loculicide 5-valvis; seminibus « oblongis exarillatis; embryonis exalbu-» minosi cotyledonibus planis foliaceis. » — Arbores proceræ; foliis oblongis integris lepidotis (fere *Durionis*), subtus nunc tomentellis; floribus secus ramos breviter racemoso-cymosis, singulis calyculo 5-lobo calyciformi arcte adpresso valvato cinctis; inflorescentia, involucris calycibusque lepidotis. (*Java, Malacca* [4].)

87. **Boschia** Korth. [5] — Calyx subglobosus v. ovoideus, demum 4, 5-fidus. Petala 5, 6, linearia v. subspathulata. Stamina ∞; exterioribus 5, 6, anantheris, petalis subsimilibus; interioribus basi subliberis v. inæquali-connatis, aliis 1-antheriferis; aliis 2-8-antheriferis; antheris parvis subglobosis summo filamento dilatato impositis, apice subporosis. Germen 3-6-loculare; ovulis in loculis singulis 2-∞, adscendentibus; micropyle extrorsum infera; stylo elongato, apice stigmatoso plus minus dilatato peltato-discoideo. Fructus ovoideus v. acu-

1. *Icon.*, t. 1761, 1762. — B. H., *Gen.*, 212, n. 54.
2. **Spec.** 1. *C. excelsa* Wight, *loc. cit.* — Thw., *Enum. pl. Zeyl.*, 28.
3. *Fl. Jav. Præfat.*, VII; in *Nov. Act. Nat. cur.*, XVII, 75, t. 6. — Endl., *Gen.*, n. 5308. — B. H., *Gen.*, 213, n. 58. — *Esenbeckia* Bl.,

Bijdr., 118 (nec H. B. K.). — *Cotylephora* Meissn., *Gen.*, 36, *Comm.*, 28.
4. **Spec.** 2. Miq., *Fl. ind.-bat.*, I, p. II, 168, — Walp., *Rep.*, I, 331.
5. *Verh. Nat. Gesch.*, 257, t. 69. — B. H., *Gen.*, 213, n. 57. — *Heteropyxis* Griff., *Notul.*, IV, 524, t. 594.

minatus lignosus dense muricatus, 3-5-valvis. Semina pauca v. ∞ , sæpius oblonga, basi arillata; embryonis (albuminosi ?) cotyledonibus planis foliaceis. — Arbores; foliis fere *Durionis*, subtus lepidotis; floribus[1] secus ramos breviter pedicellatis, calyculo 2, 3- fido (cum pedicellis calycibusque lepidoto) cinctis. (*Malacca, Arch. ind.*[2])

88. **Cœlostegia** BENTH.[3] — Flores parvi hermaphroditi; receptaculo concavo obconico, apice in annulum 5-saccatum expanso; calycis receptaculi margini inserti (inde perigyni[4]) lobis 5, brevibus erectis, valvatis. Petala 5, perigyne cum calyce inserta. Stamina ∞ (*Boschiæ*); antheris parvis globosis, nunc solitariis v. per 2-6 congestis. Germen magna ex parte inferum, receptaculo immersum, 5-loculare; ovulis 2. v. paucis in loculis singulis adscendentibus; micropyle extrorsum infera; stylo filiformi, apice peltato. 3-lobo stigmatoso. — Fructus...? — Arbor excelsa; habitu foliisque (*Boschiæ*) integerrimis coriaceis, subtus minute squamoso-lepidotis, petiolatis; floribus secus ramos cymoso-fasciculatis; singulis involucro brevi (cum calycibus pedicellisque) lepidoto cinctis. (*Malacca*[5].)

---

1. Eos *Tiliacearum* referentibus.
2. Spec. WALP., *Rep.*, V, 96.
3. *Gen.*, 213, n. 59.

4. Receptaculum pro basi calycis habuit cl. BENTHAM.
5. Spec. 1. *C. Griffithii* BENTH., *loc. cit.*